「見た目だけ変えた」にしない成功の手引き

Webサイト・リニューアル

滝川 洋平・岸 正也　共著

エムディエヌコーポレーション

本書に掲載した会社名、プログラム名、システム名、サービス名などは一般に各社の商標または登録商標です。本文中で™、®は明記していません。

本書は著作権法上の保護を受けています。著作権者、株式会社エムディエヌコーポレーションとの書面による同意なしに、本書の一部或いは全部を無断で複写・複製、転記・転載することは禁止されています。

本書は2020年3月現在の情報を元に執筆されたものです。これ以降の仕様、URL等の変更によっては、記載された内容と事実が異なる場合があります。本書をご利用の結果生じた不都合や損害について、著作権者及び出版社はいかなる責任も負いません。

はじめに

インターネットやWebの進歩は非常に速く、昨日まで主流だった考え方や技術がドラスティックに塗り替えられてしまうのが当たり前の世界です。そのことを、現場で運用やプランニングにあたるみなさんは日々実感されていると思います。

本書は、Webサイトのリニューアル・プロジェクトを手がける担当者に向けて、発注側と受注側の両方の視点から解説したものです。制作過程におけるノウハウやTipsといった詳細は各分野の専門書に解説を譲り、リニューアルの一部始終のプロセス、実施するかの検討段階から実際に構築して公開するまでを、幅広くカバーしました。なかでも、準備フェーズの考え方・進め方に多くの紙幅を割いています。

すでに稼働しているWebサイトに手を加え、新しく作り直すリニューアルという解決策は、毒にも薬にもなり得る「諸刃の剣」ともいえます。だからこそ、現状を正しく詳細に分析し、「今の状態」を起点にどのような未来を描くかが重要です。

Webサイトを継続的に運営していく上では、日々のアクセス状況や売り上げなどのKPIをもとに改善を繰り返し、その時点で最適なサイトを追い続けることが求められます。同時に、公開時点では「その時点の最適解」であったはずが、時代の変化や技術の進歩によって、次第に最適解から乖離していく宿命から逃れられないのも現実です。

しかし、日々の成果に対して効果測定を行ない、改善施策を立てたりサイトを改修したりすることで、この乖離を埋められます。そこが、Webサイトという媒体の特性であり、強みです。そこにこそ、Webサイト「運営」のおもしろさがあります。

改善や改修の延長に、リニューアルも位置しているはずです。

本書を手に取ってくださったみなさんがサイトの運営に携わっているのであれば、ぜひここで解説している内容を実際に試してみてください。本書で解説されている内容に特別なことや難解なことはほとんどありません。基本に忠実に「積み重ねていく」ことこそが、みなさんの課題を解決するのではないでしょうか。

末長く続いていくWebサイトの運営に、本書を役立てていただけることを願ってやみません。

2020年3月

著者を代表して　滝川 洋平

CONTENTS

目
次

▶ INTRODUCTION

リニューアル、その前に

▶ CHAPTER 1

検討フェーズ

CONTENTS

▶ CHAPTER 2

準備フェーズ

CONTENTS

▶ CHAPTER 3

設計フェーズ ⋯⋯⋯⋯⋯⋯⋯⋯⋯⋯⋯⋯⋯⋯⋯⋯⋯⋯⋯ 125

CONTENTS

本書の使い方

本書は、Webサイトのリニューアルをテーマに、発注側（クライアント）と制作会社などの受注側、双方の視点を取り入れて解説したものです。本書の構成は以下のようになっています。

[本書の紙面構成]

1. 記事テーマ

記事番号とテーマタイトルを示しています。

2. 解説本文

記事テーマの解説。文中の重要部分は黄色のマーカーで示しています。

3. 図版

解説文と対応した図版（画像、フロー図、イラストなど）を掲載しています。

4. 補足ポイント

発注側・受注側、それぞれの視点から、解説本文に関連した重要ポイントを補足しています。

本書は2020年3月現在の情報を元に執筆されたものです。これ以降の仕様、URL等の変更によっては、記載された内容と事実が異なる場合があります。

▸ **INTRODUCTION**

CHAPTER 1

CHAPTER 2

CHAPTER 3

CHAPTER 4

リニューアル、その前に

―――――――

Webサイトのリニューアルは、長年積み重なった課題を一気に解決する「魔法の杖」ではありません。本当にリニューアルするべきか、立ち止まって考えてみましょう。

そのリニューアルは、
本当に必要ですか？

インターネットの世界では、課題の解決法は無数に存在します。改修や調整、サイトリニューアルも
その中のひとつです。手段にとらわれて目的を見失わないために、本質的な課題を見い出しましょう。

解説：滝川 洋平

あなたが
リニューアルしようとするワケ

　本書を手に取った方はおそらく、自分が携わっているWebサイトのリニューアルの必要性を感じていることでしょう。リニューアルを考える理由は業種や職種によってさまざまですが、あなたがリニューアルをしようと考えている理由は何でしょうか。

- ブランドのリニューアルを予定しているから、ブランドサイトを刷新して既存の顧客以外のユーザーに訴求したい
- 数年前にCMSを導入したものの、サポートが終了してしまってシステムが老朽化しているので、新しくしたい
- 静的サイトで運用しており、そのつど制作会社に発注している。そのため運用工数が増えているので、運用を効率化したい
- 離脱率が高く、想定よりも成果が上がらない
- 予算を消化したい

　上に挙げたように、考えられる理由はその組織によって異なりますが、少し立ち止まって、サイトのリニューアルが本当に必要なのかを考えてみましょう。

成果が出ているサイトは
無理にリニューアルしなくていい

　Webサイトは一度作って終わりではなく、日々の運用を続けることで価値を高めていくものです。そのためには通常の運用時からPDCAサイクルを回し、その過程で機能の追加やUIやエントリーフォームの調整のような、細々とした課題を解決していくことが望まれます。

　しかしながら、Webサイトやインターネットのビジネスは日々状況が変化します。例えば、かつてiPhoneの爆発的な普及により、Flashが事実上Webサイトを構築するには適さなくなってしまったり、Windows XPの延長サポート終了により古いIEでの閲覧が推奨されなくなったり、といった破壊的な変革がありました。

　この世界では、ある日突然そういった非連続的な改善を求められることがあります。「いつか対応しよう」、「次のリニューアルまでは大丈夫だろう」というように優先度と緊急度を天秤にかけた結果、運用予算の範囲内で対応できない課題が積み上がってしまうのが現実なのです。

　積み上がる課題については、現場レイヤーと経営レイヤーの意識の違いもあります。経営の視点からすれば、運用現場の改善によってもたらされるメリットの大半は、ビジネスに対するインパク

トとしては微々たるものです。運用の効率化を図るために別途改修の予算を確保するくらいならば、デジタルマーケティング施策に予算を割いたほうがよいと考えられてしまいかねません。

課題解決の手段のひとつがリニューアル

こうしてさまざまなステークホルダーから集まった課題を解決しようとする際に、どうせだったらいっそサイトをリニューアルしたいと考えるのはごく自然なことです。おそらく、そのための予算を確保する理由も作りやすく、まとまった金額を確保しやすいのではないでしょうか。

制作会社側も、リニューアルのほうが予算規模は大きく、せっかくならゼロベースで行なったほうが技術的負債も解消できるといった理由で、大規模な改修をするくらいならばリニューアルを提案したいという事情もありえるでしょう。

けれども、一度立ち止まって考えてみてください。各ステークホルダーが本当に解決したい課題とは何でしょうか。現状のWebサイトは何ができていて、何が課題になっているのか。そういったさまざまな状況を棚卸しして、その上で本質的な課題の解決を図るための手段がリニューアルです 図1。つまり、次のように言い換えることができます。

ゼロベースからWebサイトのあり方を考えて、累積的に積み上がった課題を一度に解決し得る手段がリニューアル。

図1 課題と解決手段

■課題

運用工数の削減　システムの老朽化　ブランドの刷新　導線の改善　予算消化

■解決手段

デジタルマーケティング　CMSの導入　デザインの改修　増員　リニューアル

リニューアルはさまざまな課題を解決するための、手段のひとつに過ぎない

リニューアルが失敗する可能性

リニューアルには大きなメリットを期待できる一方で、大きなデメリットも秘めているといえます。例えば、ブランド刷新にともなうリニューアルであれば、全面的な刷新を行なうことで、既存顧客が離れてしまう可能性もあります。それならば従来のブランドビジュアルを新しいブランドビジュアルに差し替えて、コピーを差し替えるだけで課題が解決できるかもしれないのです。あるいは、デザイントレンドに対応するためにリニューアルを行なったら、またすぐ数年後に大きなトレンドの変化が訪れてしまうことだって珍しくないのです。

いずれにせよリニューアルとは、不確定事項が多い中で、大きな決断と負担を各方面に強いる踏み絵です。今まで積み上げてきたサイトの実績と地続きであるということ、そして、現状の課題解決だけにとどまらず、将来の展望も含めて非常に広範囲に渡る知見が求められることを、肝に銘じておきましょう。

そこで、改めてあなたに問います。

そのリニューアル、本当に必要ですか？

本書のリニューアルの定義

ここまでリニューアルについて述べましたが、今自分たちが計画しているプロジェクトがリニューアルなのか、改修なのかという疑問も生じるのではないでしょうか。そこで本書におけるリニューアルの定義を定めておきます。ここでは、以下に示す3つの要素のいずれかに当てはまる改修プロジェクトを、Webサイトのリニューアルと定義します。

- HTMLの文書構造の全体的な刷新を伴う改修
- サイトストラクチャの刷新を伴う改修
- CMS（コンテンツマネジメントシステム）の変更

それに加え、既存の静的サイトにCMSを導入することも便宜上リニューアルとみなし、以降の解説を進めていきます。

「改修」と「リニューアル」の違い

文：滝川 洋平

——リニューアルなのか、改修なのか。これは、プロジェクトを捉える立場や視点によって変わります。プロジェクトをミクロとマクロの両方の視点で観察し、言葉の定義だけに囚われないようにしましょう。

どこからがリニューアル？

「リニューアル（renewal）」を辞書でひもとくと、古くなったものを「更新・再生すること」とあります。Webサイトのプロジェクトでは、「やり直し、一新」が該当するでしょう。

どのぐらい規模の改修からリニューアルと呼ぶのかは、一概には決められません。何をもってリニューアルとするかは、あなたの立場や視点、作業のスコープ（範囲）によって変わります。

改修とするか、リニューアルと位置づけるかは、プロジェクトの実施内容に左右されるわけですが、本書では12ページで述べた3つの要素のいずれかに当てはまるものを「リニューアル」と定義しています。サイト全体を刷新したり、見た目を変えたりするだけがリニューアルではありません。

マクロの視点とミクロの視点

飲食店の公式サイトに、Web予約機能を追加する改修を例に考えてみます。既存の部分には手を加えず、予約できる機能だけを追加したいというオーダーであれば、「予約機能の追加改修プロジェクト」であり、リニューアルの扱いにはなりにくいでしょう。

では、そのサイトにもともと予約機能があった場合はどうでしょうか？　現行の予約機能を別のものに切り替えるならば、単なる改修プロジェクトではなく、「予約機能のリニューアルプロジェクト」として扱われるケースが多いと考えます。

予約機能の例では、マクロの視点、サイト全体から見ると「改修」になりますが、ミクロの視点、予約機能という視点から見ると「リニューアル」と捉えることができます。

Webサイトの改善という大きな枠組みの中で、リニューアルなのか、改修なのか、機能の追加なのかは、一律に線引きできるものではなく、グラデーションのように境界線が変わります。

改修かリニューアルかにとらわれず、プロジェクトがもたらすインパクトを考えて臨むとよいでしょう。

失敗に終わるリニューアルもある

成功、失敗の二元論で語られることが多いサイトのリニューアルですが、すべての面で成功といえるものはあり得ませんし、逆もまた然りです。では、何が成否を分けるのでしょうか？

解説：岸 正也（有限会社アルファサラボ）

リニューアルが失敗する要因

　成功と失敗のしきい値を決めることは難しく、KPI（重要業績評価指標）のみでしきい値を決めるのはいささか乱暴な話です（KPIについてはP28参照）。PVや登録者数のKPIは達成したが、想定より運用の工数が増えてしまった……といったケースもよくあります。まずは失敗の側面をいくつか考えてみましょう。

- デザインを重視するあまり、ユーザビリティに問題点が多く、CVR（コンバージョン率）が低下した
- 機能を重視するあまり、Webサイトの速度が遅くなった
- 多くの新機能を詰め込みすぎて、管理画面のユーザビリティが悪くなった
- ヒヤリングを怠ったせいで運用者が重宝していた機能がなくなり、業務に支障が出た
- 旧サイトのアクセス解析不足で、これまで多くのアクセスを集めていた重要な情報が掲載されなくなった
- マイページの引き継ぎができずに、リニューアルのタイミングでユーザーが離れてしまった
- URLのリダイレクトをしていなかったので、ページランクが下がった

　このように、機能面・非機能面などさまざまなところに失敗の要素は潜んでいます。あとで述べるように、Webサイトを一度に100％の状態に持っていくのはゼロベースのリニューアルでも難しく、微調整を重ねていくフローは必要です。け

図1 担当者間の認識のズレ

こだわりのデザインが完成した

Webサイト

デザイナー

かっこいいけど、ファーストビューでもう少しテキスト要素を入れたいし、全体のテキスト量も2,000文字は担保したい

Web担当者

このような事態になる前に、デザイナーとコンテンツや機能についてをよく相談する必要がある

れども、一度作ったものの修正は、たいていの場合、パッチを当てるような改修がメインになります。「もう一度ゼロから作り直し」は簡単にできないため、設計段階でさまざまな側面に対して十分な配慮が必要です。

ただし、作業者が自分の領域外に気を配るには相当な経験値が必要で、図1のような状況に陥ることは容易に想像できます。このほかにも、例えば優秀なプログラマが仕様に沿ってていねいに作り込んだ実装が、データベースのスペックのせいで動作が遅くなるといった事象に関しては、誰が調整を行ない、どのようにリカバリーするのかのフローを決めておく必要があります。

Webサイト制作ではさまざまな要因が絡むため、「レスポンスタイム応答一律3秒」などを安易に非機能要件に盛り込むべきではありませんが、よく利用する機能の速度は常時確認するなどの配慮はしたいところです。10ページのテストデータの場合は3秒で保存できたものが、1,000ページになると3分かかったというようなことはよく発生するので、必ず実データの規模でテストすることが重要です。

ただし上記の例でいえば、大規模なリニューアルの場合は必要に応じて機能別にレスポンスタイムを要件として盛り込むべきでしょう。その場合でも一律ではなく、主要機能に絞りましょう。年に一度しか利用しない機能の実行は3分かかってもかまいません。

これらのバランスを取る役割はWeb担当者や制作会社のディレクターが担うことになります。

Webサイトにおける
失敗をカバーする

いくら入念なテストを行なっても、マーケティングやユーザビリティはユーザーありきですから、蓋を開けてみなければわかりません。ですから、リニューアル直後からすぐにうまくいくとは考えないほうがよいでしょう。そのことは社内にも周知しておくことが必要で、例えばリニューアル前の社内プレゼンでも、「翌月からKPIを達成できる」というようなことを述べるべきではありません。特に旧Webサイトをこまめにアップデートしていた場合は、リニューアル直後にCVRが落ちるケースもよく発生します。

ただし、いつまでも助走期間というわけにもいかないので、例えば「6ケ月間の調整期間を経てKPIを達成する」という言い方をしておくべきだと考えます。

また、SEOに関しても、大型リニューアルのあと、数ケ月はGoogleの判断が定まらずに乱高下するケースにもよく遭遇します。このことも念頭に置きましょう。2〜3ケ月で戻らなければ、何らかの施策を考えなければなりません。

メンテナンシビリティ

運用側の立場からすると、新しい管理画面は新たに使い方を学習する必要があるので、できるだけ避けたいと考える実務担当者が多く存在します。そのため、リニューアルのタイミングでクレームになることもよくあります。

こうした事態を避けるためには、事前の説明を入念に行ないましょう。特に「新しいWebサイトを使いこなせば、実務担当者にどんなメリットがあるか」ということを十分に伝えます。リニューアル直前はWeb担当者も忙しくなりますが、新たなシステムを使う実務担当者に対して説明会などを開くことで、新システムへの理解を深め、積極的に使いこなしてもらえるようになるでしょう。十分な情報が提供できないと、新システムに対して不信感を抱くようになる可能性も否めません。ただ、もしリニューアルで新しい管理画面が本当に使いやすくなっていれば、一時的にクレームが発生したとしても、数ケ月で解消するはずです。

リニューアルの方針は時流にも左右される

インターネット黎明期から存在し今も現役のサイトは何度もリニューアルを重ねています。その間にどんなナレッジが蓄積されてきたか、時流の変遷とともに振り返ってみます。

解説：岸 正也（有限会社アルファサラボ）

リニューアル、その前に

Flashの台頭と衰退

Webのリニューアルは、常に時流との戦いです。時流に乗ったリニューアルはサイト本来の目的を見失いがちなことも多い一方で、リニューアルの大義名分が立てやすいという利点もあります。

2000年代初頭のFlashブームの時代は、大きなWebサイトでもリニューアルの重要評価指標に「Flashアニメーションの完成度」が入っていました。逆に、デザインに関していえば、トップページにクールなFlashを作成すること以外は比較的こだわりの少ない時代だったともいえます。その後、スマートフォンの台頭により、業界的なFlash離れが起こりました。当時のスマー

図1 Flashサイトの表示例

Adobe Flash Player はブロックされています

国際的な賞を多く受賞したWebサイトも、多くのブラウザにFlash Playerが入っていない現在ではこのような表示になる。一方で、今見ても惚れ惚れする素晴らしいクリエイティブも多い

トフォンのスペックではFlashをまともに動かすことができなかったこと、SafariがデフォルトからFlashのプラグインを外したことなどが主な要因です 図1 。一時的にFlashのアニメーションをHTML5のCanvas機能などに置き換える流れもありましたが、結局はユーザビリティの観点から「Flash的な動きは利用者の情報探索行動を阻害する」という認知が広がり、サイト上の、特にUIの動的な演出はアイキャッチなど最低限に抑えられるようになります。

スマートフォンの台頭

時流との戦いの歴史として、フィーチャーフォン（ガラケー）の衰退とスマートフォンの台頭も挙げられます。「スマートフォン対応」を旗頭にしたリニューアルのブームは、一般に公開されているWebサイトでは落ち着きましたが、現在イントラネットや業務システムがそのブームを迎えています。

以前と現在で大きく違うのは、その設計思想です。ガラケーとデスクトップではそれぞれの特性があまりに違いすぎるのでマルチデバイスなどは検討されず、別々のものを2つ作成するという設計思想がメインでした。一方でスマートフォンは高スペックのため、両方を一度に考え、最後に特性に合わせた調整を行なう「マルチデバイス」が可能です 図2 。

ただし、マルチデバイスは利点ばかりではありません。ガラケー時代は大きなデバイス間の壁によりデスクトップ、ガラケーをパラレルで設計できたため、ガラケーのWebサイトはそれなりにガラケーの特性を活かしたものでした。しかしデスクトップ同様のレンダリングが可能なスマートフォンにおいては、その高性能が仇となり、スマートフォンならではの設計方法やユーザビリティは未だに理解が薄いという問題があります。つまり「スマホ対応はよくあるレスポンシブデザインにしておけばよい」という考えの制作者も残念ながら存在するということです。

通常のリニューアルの設計プロセスでは作業の大部分がデスクトップで行なわれるため、「スマートフォンは確認程度」となることが多々あります。しかし今、通常のWebサイトをリニューアルするなら、多くのユーザーがスマートフォンで閲覧している現実に則した「スマートフォンファースト」の思想が重要です。ユーザー不在の開発手法に異を唱える「人間中心設計」という言葉があるように、ユーザーの現実に合わせ、デザインも機能もワイヤーフレームもスマートフォンから考えるという認識を持ってください。「スマホ対応」ではなく「デスクトップ対応」くらいの気持ちでリニューアルに臨みましょう。

運用の歴史

リニューアル時に必ず考慮すべきなのが運用方法です。Webサイトは組織の最新情報をいち早く発信する重要なメディアであることから、その裏では常に運用方法の改善が求められてきました。2000年代初頭はページ数も少なく、HTMLファイルをそのままサーバーに設置していたので、制作会社に頼んで更新してもらうか、

図2 東京都と鳥取県のWebサイト

スマートフォン最適化とスマートフォン対応の違いを考えてみよう

Dreamweaverなどを利用した更新が行なわれていました。Dreamweaverはテンプレートから静的ページを出力する機能なども備えていました。

また、当時の先進的な企業はTeamSite（現在のOpenText TeamSite）などのCMSを利用していました。CMSは現在に至るまでの間に多機能化し、かつ多くの製品が生まれましたが、現在では淘汰され有償、無償含めて数点の選択肢から選ばれることが一般的です。

この間に私たちが理解したことは「CMSは万能ではない」ということです。CMSの機能がいくら優れていても、誰もが最高のレイアウトのサイトを作り、最高の文章を書けるわけではないのです。ただし、正しい運用思想とマッチしたCMSは業務を大幅に軽減してくれることは確かで、制作会社もCMSがない状態は想像したくありません。

進化の歴史

HTMLやサーバーサイドなど、技術の進化もリニューアルと密接な関係にあります。クラウドの発展によりサーバーの冗長化が容易になり、夜中に呼び出されてサーバールームに行く必要もなく

なりました。技術の標準化とブラウザのバージョンは、IEを除けば常に自動的にアップデートすることが当たり前のため、複数ブラウザや複数デバイスでのチェックも以前よりは負担が軽減されています。HTMLも紆余曲折を経て、以前より随分と構造を表現できるようになり、CSSの進歩により表現と構造の分離が可能になりました。またWebフォントの一般化により、画像に文字を入れ込むことも少なくなりました。最近の事例でも、iOSのSafariはセキュリティおよび動作速度上の理由から別ウィンドウのリファラを切るため、別ウィンドウの利用はやめるべきなどの事象もあります。

このように、Webリニューアルを3年ごとに行なうとすれば、3年の間に今までの常識は大きく変わっています。常にトレンドを把握し、その恩恵を享受すべきです。

変えないという選択肢もある

一方で、「あえて変えない」という選択もあります。例えばYahoo! JAPANのデスクトップサイトは、ホームのフロントエンドが最新の技術であるReact・Redux・TypeScriptでリニューアルされたようにアーキテクチャは進化していますが、見た目は10年以上大きく変わっていません 図3 。つまり、私たちが考えるようなリニューアルは行なわれていないのです。これは、Yahoo! JAPANのデスクトップがうまくいっている証でもあります。うまくいっているものを変える必要はないのです。その証拠に、ニュースアプリという別のレイヤーの競合が存在するスマートフォンサイトは、近年大規模なルック（外観）＆フィール（操作感）のリニューアルが行なわれました。

図3 **Yahoo!天気・災害**

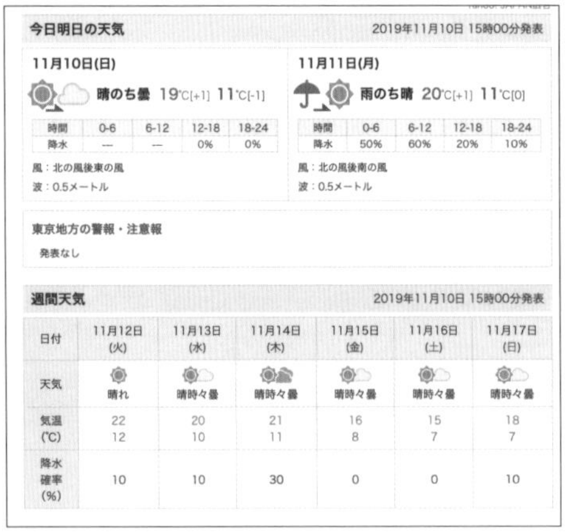

昔から多くのユーザーに利用されているインターフェイス

INTRODUCTION

› **CHAPTER 1**

CHAPTER 2

CHAPTER 3

CHAPTER 4

検討フェーズ

リニューアルを検討する段階で「今のWebサイトの姿」を、さまざまな角度から検証してください。リリース時に立ち返り、サイトの目的を再確認してみましょう。

リニューアルにあたって必ず検討するべきこと

リニューアルに際して、発注サイドが主体的に関与できるフェーズは検討と企画の段階です。何のためにリニューアルを行なうのかの目的と、運用面を含めた現状を把握してから企画に臨みましょう。

解説：滝川 洋平

検討フェーズ

「こんなはずじゃなかった」にならないために

Webサイトをリニューアルするにあたって、発注側（クライアント側）が主体的に関与できるのは、検討段階と企画の段階です。このときにクライアント側の担当者、特にプロジェクトのオーナーとなる人が目的意識を持たないと、リニューアルのプロジェクトがうまくいくことは少ないでしょう。

リニューアルはしてみたものの、「こんなはずではなかった」、「見た目は綺麗になったけれどもまったく成果に結びつかない」というようなケースは珍しくありません。

そういった事態に陥る原因は、プロジェクト内で本質的な課題の認識ができていなかったということにほかなりません。Webサイトのリニューアルに際して発注サイドが最初に考えなければならないのは、「なぜ」「何のために」リニューアルをするのかということです。「デザインが古くなってきたし、予算も余っているから、今期の予算消化も兼ねてサイトリニューアルでもするか」といった、明確な目的のないリニューアルに予算や時間を割くくらいならば、それらの費用をデジタルマーケティング費用に充てたほうがビジネスの面では有効でしょう。

図1 担当者との調整

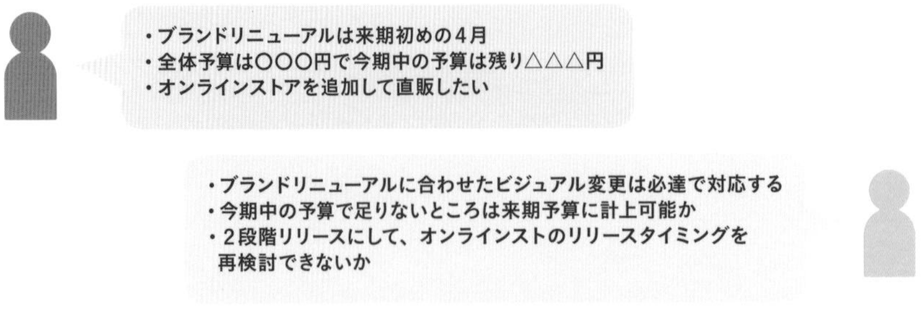

・ブランドリニューアルは来期初めの4月
・全体予算は〇〇〇円で今期中の予算は残り△△△円
・オンラインストアを追加して直販したい

・ブランドリニューアルに合わせたビジュアル変更は必達で対応する
・今期中の予算で足りないところは来期予算に計上可能か
・2段階リリースにして、オンラインストのリリースタイミングを
　再検討できないか

事業担当者の要望をそのまま受け入れずに、現実的な対応内容をすり合わせて合意を得る

何のためのリニューアル？

では、なぜサイトリニューアルを「行なわなければならないのか」。まずはそこから考えることが発注サイドの大事なミッションです。

あなたは、何のためにWebサイトのリニューアルをしたいと考えているのでしょうか。

このシンプルな問いを起点として、今現在抱えている解決したい課題を一つ一つ洗い出してみましょう。課題に対して優先順位をつけて、解決方法を検討し、それらの課題の複合的な対策手段がリニューアルならば、リニューアルを行なうに足る理由になるでしょう。課題を解決する手段をニュートラルに考えるためにも、サイトの現状を正確に認識しておく必要があります。またサイトの分析と同時に、計測可能な指標を再定義しておきましょう。

予算感とスケジュール

リニューアルの検討をはじめた段階で、大まかな予算感とスケジュール感を持っているのではないでしょうか。プロジェクトを円滑に、疲弊せずに成功させるには、発注側も受注側もムリのない人員配置とスケジュール管理が欠かせません。そして、それを実現するには予算規模も影響します。とはいえ、どうしてもタイトなリソースやスケジュールで、期間に合わせなければならないケースも少なくないのが現実です。

どのような状況にも対処できる、柔軟な対策を取れるように、企画段階で重要な項目と必達項目などをあらかじめ洗い出して、優先順位をつけておきます。同時に予算の確保や、いつの決算に入れるかといった経理面での調整も後続するフェイズで発生します。事業担当者や経理担当者との調整も行なっておくことをおすすめします 図1。

組織特有の事情にも目を向ける

このようなリニューアルのプロジェクトは、規模の大小によって違いはあるものの、発注側で事前に現状と課題を提案依頼書にまとめ、それらの課題を解決する企画を制作会社やコンサルタントから提案してもらって進めていくのが一般的です。そのため実際の制作プロセスにおいては、発注側と制作側との二人三脚でプロジェクトの精度を高めていくことが求められます。それゆえ、現状の課題の認識や、組織のローカルルールや文化、部署間でのパワーバランスといった、組織特有の変数がどれだけ議論の俎上に上がっているかが重要となってきます。

発注側がざっくりとしたブリーフィングを制作側に投げ、発注担当者と運用現場へのヒアリングを行なうだけのような丸投げで受け身の姿勢では、制作サイドは過去の知見にもとづいた合理的で最大公約数的な企画を出さざるを得ません。しかし、このような企画は得てして組織に定着せず、絵に画に描いた餅と化してしまうことが多いでしょう。会社組織の性質は千差万別です。社員が一丸となって課題に取り組むことができる意識が高い会社だけではありません。

協力してくれない部署や担当者がいて、対応に苦心させられる環境のほうが一般的です。心当たりはありませんか？

そういった組織特有のクセや人間関係の勘所は、制作サイドの部門担当者ヒアリングでは表面化しづらく、発注側内部の担当者であるあなたにしかわからないことなのです。だからこそ、そういったどうしても合理化できない部分を洗い出しておくことが重要です。

サイトの現状を把握して分析してみよう

すでに存在しているものに手を加えるのがサイトリニューアルです。現状のWebサイトをバイアスをかけずに認識し正しく把握することが、リニューアルを効果的に進めるためのポイントになります。

解説：滝川 洋平

現状のWebサイトを正しく認識する

　サイトをリニューアルするにあたって、発注側がやってしまいがちな失敗があります。いきなりデザインを検討し始めたり、機能面での詳細な要望を立てたり……本質部分の議論をおざなりにしたまま、ビジュアル面や枝葉末節の部分についての議論を始めてしまうことです。

　確かに、現在稼働しているものがあるだけに、それをもとに「こんなデザインにしたい」、「こう改善したい」といった「具体的な」イメージのほうが想像がつきやすいのは確かです。しかしながら、サイトリニューアルのプロジェクトは新規のサイト構築プロジェクトと違い、現状のサイトから立脚した本質的な部分をどう扱うのかを考えなければなりません。たとえ、今のサイトのコンテンツやアセットを使わずにゼロから構築することになったとしても、それまでのサイトがどのような状況だったのかを把握していなければ、リニューアルの成否以前の問題となってしまうでしょう。現時点での自分が担当しているサイトが、どのような状況にあるのかを正確に把握することが欠かせません 図1 。

図1 現状分析すべき主な内容

分析内容	目的
サービスサファリ	ユーザー体験の再認識
アクセス解析	現状のアクセス数やユーザー属性の把握
サイトトレンドの調査	デザイントレンドやUIの動向の把握
自社ビジネスのポジショニング調査	自社が置かれている状況の把握
コンテンツの全量把握	Webサイトのコンテンツリストの作成
業務分析	運用ワークフローやシステムの仕様の確認

調査・分析は奥が深い。しかし、最初はこれくらいからはじめよう。比較して気になる部分を深掘りしていく姿勢が大切だ

さまざまな視点から現状を洗い出す

リニューアル後の目標と現状の乖離を明確にして、課題を洗い出すことが検討フェーズで現状分析を行なう目的です。このプロセスで行なうことは、現状を調査して分析し、全体を把握することです。アクセス解析ツールを使ったサイト全体のアクセス状況や、流入経路、検索エンジンの対応の具合など、計測可能な数値分析だけにとどまりません。サイトを構成しているコンテンツの全量を洗い出して、ページURLを含めてリスト化するような、普段行なわないアセット面の把握といった調査も必須です。さらにはユーザーや顧客の側から見たサイトの使い勝手やユーザー体験の調査や、実際の運用体制・運用フローの調査という、外部・内部のUI/UX面からの分析も欠かせません。先入観や勘・経験に頼った感覚的な判断を除いて、情報やデータといった個別の要素を正確に認識し、収集することが重要です。

Webサイトはあくまで顧客や生活者とのコミュニケーション手段のひとつに過ぎません。自分の組織のビジネスにおいて、Webサイトはどのような役割を担っているのか、そして担うべきなのか、ビジネス面での要求も把握しておくべきでしょう。

Webサイトのリニューアルは、当初のWebサイトがローンチされてから長い期間が経過して行なうものです。サイトのみならず、ビジネスを取り巻く状況が変わっていることは珍しくありません。

運用や内部のワークフローを見直す

長い期間運用しているサイトは、細かい仕様や運用フローなどが時代にそぐわないものになってしまい、実際のオペレーションに当たっているスタッフが「なぜ、このような煩雑な手続きを行なわなければならないのか」といった不満を抱えていることがあります。また、前任者がすでに異動していたり退職していたりした場合には、本来なら改善すべき点が、手を付けられずにブラックボックスになっていることも考えられます。

どういった経緯で現状の仕様やフローになったのかという疑問が解消されないまま、「そういうものだから」「セキュリティの都合で」というような根拠のないルールを守りつづけている現場も少なくありません。

これまで運用してきた経験にもとづく感覚を活かしてリニューアルの企画を立てることも大切ですが、計測可能な媒体であるWebサイトなのですから、エビデンスをもとに企画検討していくことが、抜けや漏れをなくして運用の属人化を防ぐためにも重要です。

バイアスをかけずに見直す

現状を正しく把握し、分析する上で忘れてはならない視点があります。それは、公正中立的な視点で現状を把握することです。つまり、過大評価も過小評価もせずに、事実をありのままに受け止めることです。わかりやすい課題がある場合、それに至った原因や経緯を調査することは必要ですが、「前任者が……」とか「○○部が……」というような犯人捜しをする必要はありません。

こういった課題をバイアスをかけず明確にすることで、継続する企画のフェイズにおいてフラットな視点で見直すことができるようになるのです。セルフチェックをして、改善すべき点、活かす点を明確にすることが現状分析の大切なポイントです。それでは、ステップに分けてサイトの現状分析に取り組んでみましょう。

サイトの目的を再確認する

サイトの分析を始める前に、自分が担当しているWebサイトの役割を再確認しましょう。自社のビジネス、サイトのタイプ、ターゲットユーザーなど、課題の出発点を明確にすることが重要です。

解説：滝川 洋平

検討フェーズ

「何のため」のWebサイト？

現状のサイトの分析に取りかかる前に、今運営しているサイトが、何のために運営されているのかを再確認するところから始めましょう。

リニューアルを検討するサイトは、長期に渡り運営されているのが一般的です。そのため、さまざまな事情から当初の目的を見失ってしまっていることがあります。運営を続けてはいるものの思うような成果が上がらないため、手段が目的化してしまっていたり、本来指標にするべきではないものをレポート上の数値にしていたりと、本質的な課題解決からかけ離れてしまう経験に覚えはないでしょうか。そういったことは、目標や指標の

設定に何らかの課題を抱えていることが多く、これらのズレを是正することは、リニューアルだからこそできることです。サイト開設時の「思い」に立ち返って、このサイトで成し遂げたいことを再定義してみましょう。

あなたが担当しているサイトはどのタイプか

Web上のサイトは大きく5種類に分類できます。それぞれが持つ性質は大きく違うものの、近年のWebビジネスでは複数の性質をあわせ持ったサイトが一般的です。この解説を参考に、あなたが担当するWebサイトがどのようなタイプで、どのような目的を担っているのかを考えてみましょう。

図1 リードジェネレーションサイトの例

インバウンドマーケティングを行なう「D2C X」
https://www.d2cx.co.jp/

図2 サービスサイトの例

プロジェクト管理ツール「Backlog」
https://backlog.com/ja/

リードジェネレーションサイト

　Web上でリード（見込み客）を獲得するために運営されているWebサイトです 図1 。

　ユーザー側は自身が抱えている課題を解決するために、資料請求や問い合わせをすることで情報を得ます。企業側は、ユーザー（顧客）の情報を得て、そこから成約につなげるためのアクションを取ります。そのため、Web上ではリードの獲得にとどまり、ビジネス上の成果は、そのあとのオンライン／オフラインのステップを踏むことで得られるタイプのサイトです。

サービスサイト

　通販サイトや配信サービス、人事や経理アプリに代表される、SaaSサービスなどのWeb上でサービスを提供するWebサイトです 図2 。ユーザーは自身が抱えている課題を解決するためにサイトにアクセスし、対価を支払って商品を得たり、サービスの恩恵を得たりします。企業側はユーザーに商品やサービスを提供することで売り上げを得ます。

　これらのサイトはWeb上でビジネスが完結する点が特徴です。BtoCか、BtoBか、業種や提供サービスによって料金形態やビジネスモデルは大きく変化しますが、Webとビジネスの成果が直結するタイプのサイトといえます。

メディアサイト

　文章や画像、動画などを中心としたコンテンツを提供して、主に広告収入を得るために運営されているWebサイトです 図3 。ユーザーは自身が抱えている課題を解決するために訪問し、情報を得ることで課題を解決したり、コンテンツを楽しむことで娯楽を享受したりします。企業側はサイトに良質なコンテンツと広告を掲載することでユーザーを集め、広告主から広告収入を得ます。メディアとしての価値が高くなければ企業からの広告は集まらず、アドネットワークからの収益も上がりません。

　メインの広告収入が純広告かアドネットワークかの収益体系にもよりますが、コンテンツの価値と集まるユーザーの質によって成果が変化します。

コーポレートサイト

　企業のWebサイトの基本であり、会社案内や、事業紹介、IR、リクルートの役割を担うWebサイトです 図4 。企業の顔となるため、企業ブランディングを打ち出しつつ、必要な情報をわかりやすく提示することが求められます。

　近年ではサイトの種類が多様化しているため、コーポレートサイトに求められる機能が、リード

図3 メディアサイトの例

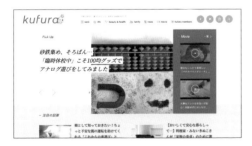

Webメディア「kufura」（小学館）
https://kufura.jp/

図4 コーポレートサイトの例

「fanbase company」のWebサイト
https://www.fanbasecompany.com/

CHAPTER 1

ジェネレーションサイトやサービスサイトに内包されているケースも多く見られ、企業の採用活動や企業ブランディングに大きく影響します。

そのため、成果は直接の売り上げではなく、採用数やリリースの閲覧数などが指標になります。

サポートサイト

Q&Aサイトや自治体のサイトなど、顧客や生活者のサポートのために運営されるサイトです。

電話での問い合わせなど、ユーザーからの直接の問い合わせ数を減らして人件費やサポートサービスの運営コストを減らしたり、確度の低いユーザーからの問い合わせを減らして成約率を向上させたりすることでビジネスに貢献します。また、既存顧客に対してはサービスの満足度を向上させて退会や離脱を防ぎ、LTV（ライフタイムバリュー：顧客生涯価値）を向上させる目的で提供されます。

Webサイトのタイプはこのように大別されますが、実際にはコーポレートサイト兼サポートサイトであったり、オウンドメディアのようなメディアサイト兼リードジェネレーションサイトであったりと、複数の性質を持つことがほとんどです。そのため、サイトのリニューアルとひとくちにいっても、さまざまな視点や、それぞれの機能の関係

性を考慮することが欠かせません。

サイトのコンテンツを
届けたいユーザーは誰か？

サイトの目的が明確になったら、次はあなたのサイトのコンテンツを届けたいユーザーは誰かを再確認してみましょう。大前提として、企業活動は、自社が持つ価値を生活者の課題を解決するために提供し、その対価を得るために行なわれます。そしてWebサイトは、課題解決のための手段のひとつとして提供されています。

生活者が日常行なっている掃除のような、「やらなければいけないけど、もっと楽をしたい」という課題の解決を例として考えてみます。洗剤のような生活用品を提供する企業であれば、自社の洗剤が持つ価値（簡単に汚れが落ちる、手入れが楽）によって解決したり、家事サービスであれば代行サービスを提供したりというような解決方法があります。それぞれ、自社が持つ価値を利用してもらうために、次のような対象となるユーザーを想定する必要があります。

- 誰がそのWebサイトに訪問するのか（訪問してほしいのか）
- 誰が来たら、その価値を利用してもらえるのか

図5 ロイヤルカスタマーが醸成されていく過程

ロイヤルカスタマー
リピーター
新規顧客
見込み客
潜在顧客

図6 ロイヤルカスタマーの定義

定量的な指標

購入頻度
LTV（ライフ・タイム・バリュー）

×

ロイヤルティ

NPS（ネット・プロモーター・スコア）

NPSは「顧客推奨度」などと訳される、企業やブランドに対する愛着・信頼（ロイヤルティ）を測る指標

現状のユーザー像を考える

　顧客視点から分析を行なうためには、メインの顧客となるユーザーの人物像を具体的にイメージできるようにします。具体的な人物像を設定しないと、対象となるユーザーの視点から「求めているもの何か」といった仮説を立てることができません。

 ここでいう具体的な人物像とは、自社の商品やサービスを最も利用してほしいメインターゲットのことです。

　すでに自社のロイヤルカスタマー像があるのなら、その属性を整理してまとめればよいのですが、リニューアルの企画作りに際しては、ロイヤルカスタマー以外にも新たなターゲット層となる属性を抽出する必要があります 図5 図6 。

　これらのユーザー像を設定する手法をペルソナ設定といいます（P31参照）。まずは分析の判断基準のために、想定するロイヤルカスタマー像をもとに大まかなターゲット像を作るところから始めてみましょう 図7 。

自社のステークホルダーといっしょに設定する

　ターゲット像を設定するにあたり注意すべきことは、自分一人で考え込まないことです。デスク上で一人で考え込んでしまうと、自分の想像の中でしか考えられません。ひいては普段の人間関係の中でしか想定できないばかりでなく、これまで運営してきた経験から思い込みや先入観によって、自分にとって都合のいい人物像になってしまいがちです。そのため、ターゲット像を考える際には独りよがりにならないよう、実際にユーザーと接している営業やユーザーサポートのスタッフといっしょに取り組んでいくことが大切です。

　新しいターゲットを見い出すことは成果を上げるために欠かせませんが、分析の軸がブレないよう、ここでは主たるユーザー層に注力しましょう。例えば家事サービスの場合、家事が得意な人はサービス提供側として採用できるかもしれませんが、ターゲット像としてイレギュラーなケースで各論に陥ってしまうと、ぼんやりとした分析結果になってしまいます。メインから外れるケースは分析結果をもとに、企画のフェーズで検討するようにしましょう。

図7 　ペルソナ例：B2C

名前：山田 太郎
性別・年齢：男性 39 歳、社会人 15 年目
収入：年収 600 万円（世帯年収 1,000 万円）
※ひと月の自由に使える金額は 5 万円

消費傾向：浪費タイプ
情報接点：Facebook、Twitter、雑誌、テレビは見ない

居住エリア：東京都江東区
家族構成：妻、子と 3 人暮らし
趣味：釣り、野球観戦
休日の過ごし方：家族と公園でアウトドア

最近の悩み事：健康診断の結果、故郷の両親の健康、子供の教育
ビジネス上の課題：競合のシェアの増加に苦慮している

象徴的・理想的な顧客像を作成する。個人のプロフィールを中心に、行動やライフスタイルなどを具体的に設定する

Webサイトの 目標と評価基準を定義しよう

サイトの目的を再確認したら、自分が担当しているサイトのKPI、KGIが適切か確認しましょう。ゴールを明確にすれば、本質的な課題を解決するための目標と対策が自ずと見えてきます。

解説：滝川 洋平

検討フェーズ

サイトのゴールを確認する

運営しているWebサイトの目的と対象になるユーザー像を再定義したら、次はブレイクダウンを行ない、得られたデータを分析して判断するための評価基準を定義しましょう。

ここで重要なのが、誰の目から見てもあきらかな「その目標を達成したと判断できる基準」を定義することです。つまり「ECサイトの売り上げを増やす」というようなあいまいな目標ではなく、「来期のECサイトの売り上げを今期より20％増やす」といった定量的な目標であることが求めら

れます。このような目標が達成できたか否かを図る指標をKGI（Key Goal Indicator）といい、日本語では重要目標達成指標と呼ばれます。ひと言でいえば「目標達成の進捗度合いを数字ベースで確認できる」指標です 図1。

Webサイトを運営するにあたり、大前提としてKGIが設定されていないことはあり得ません。しかしながら、そもそもの設定自体が誤っていたり、長期間運営される課程で手段と目的を取り違えてしまい、意味をなさないものになっていたりする運営の現場は少なくありません。だからこそリニューアルのタイミングで、目的にもとづいた

図1 KGIの例

サイト種別	指標	例
サービスサイト	売り上げ金額	1ケ月の売り上げが1,000万円
リードジェネレーションサイト	問い合わせ数、資料請求数	1ケ月あたりの問い合わせ数が100件
メディアサイト	閲覧数、広告売り上げ額（純広告、アドネットワーク）	月間PVが100万PV、月間の広告収入が100万円
コーポレートサイト	閲覧数、リリース閲覧数、採用応募者数	期間中のPVが500万PV、年間の採用応募者が2,000人
サポートサイト	閲覧数、問い合わせ数	サポートサイトの解決したボタンのクリック数が10万回、コンタクトセンターへの問い合わせ数の減少率

本質的なKGIを再確認することに意味があります。

中間指標を明確にする

目標を達成するために改善を進める例として、月額課金制のSaaSサービスを提供しているサービスサイトで考えてみましょう。

現在のサービスサイトの売上高が3,000万円だとします。KGIが「来期のサービスサイトの売り上げを今期より20％増やす」だった場合は、現在の売上高3,000万円×1.2＝3,600万円になるので、「来期の売上高が3,600万円」がKGIとして設定されます。

ここから、「来期の売上高3,600万円」というゴールを達成するために何を行なえばよいのか、ブレイクダウンしていきます。SaaSサービスの売上高を向上させるためには、次のような対策が考えられます。

- ユーザー数を増やす
- ユーザーあたりの単価を上げる
- ユーザーあたりの利用回数を増やす

この中でどこに注力すれば効果があるのかは、今までの実績をもとに検討します。現在の売上高が3,000万円、ユーザー数が1万人とすると、ユーザー1人あたりの平均単価は年間3,000円になります。このケースでは目標の売上高が3,600万円なので、売り上げを600万円向上させる計算です。

上記の対策をより具体的にすると、次のような対策が考えられます。

- ユーザー数を増やす場合：
  2,000人の新規獲得
- 単価を上げる場合：
  ユーザー1人あたり600円の増額
- 利用回数を増やす場合：
  月額課金制のため意味をなさない

利用回数を増やすという選択肢はこの時点で消え、単価を上げた場合はそれによって得られる増収よりも、ユーザーの離脱による減収が想定されます。そのため、これらの対策の中で最も実現性が高いものは「2,000人の新規ユーザーの獲得」ということになります。

すると、「2,000人の新規ユーザーの獲得」が、KGIの「来期のサービスサイトの売り上げを今期より20％増やす」を達成するために行なうべき施策の中で最も優先度が高い目標になります。このKGIを達成するための要となる条件をKSF（Key Success Factor）といい、日本語では主要成功要因といいます。

詳細なプロセスを具体化する

こうしてKGIとKSFを導き出したら、次はKSFを達成するための施策をブレイクダウンしてさらに詳細に具体化していきます。

600万円の売上増を達成するために、2,000人の新規ユーザーの獲得につながる指標を目標数値として設定します。この指標をKPI（Key Performance Indicator）といい、日本語で重要業績評価指標と呼びます。前述の例の場合、2,000人の新規ユーザー獲得のためには、主に次のような指標が考えられます。

- 集客増
- サービス契約率の増加
- 問い合わせ数の増加

このうち集客増ひとつをとっても、より詳細にブレイクダウンすることができます。広告出稿を増やすのか、SEO対策を行なって検索流入を増やすのか。あるいは既存ユーザーから紹介する施策を行なうということも考えられます。さまざまな指標がある中でも、目標達成にインパクトのある指標をKPIに選んで計測することが重要です。

CHAPTER 1

ロジックツリーで
KGIからKPIを導き出す

こうして見ると、KGIとKPIはいずれも目標の達成度合いを評価する指標ですが、評価する対象は明確に異なります。KGIは最終的なビジネスゴールの達成度合いを示し、KPIは目標達成のために行なう施策の達成度合いを示すので、端的にいうと粒度が異なります。

概念としては、KGIの下にKPIが配置されるイメージです。また、それぞれのKPIにも下位のKPIが設定されることもあります。この図をKPIツリーと呼びます。実際にKPIを検討する際は、そこにKSFを入れたロジックツリー 図2 で考えるとより方針がわかりやすくなるため、ロジックツリーを描いて検討することをおすすめします。

KGIとKPIを
分析の判断基準にする

サイトを正確に判断するためには、ビジネスの目的からKGIを設定し、それを達成するための要素を分解して詳細に具体化することが欠かせません。最終的な目標が明確になっていないと、ふさわしいKGIを設定することができず、結果、本来であればKPIにあたるものとKGIとを混同してしまうケースもよく見られます。そのため、KGIを定めるときには、本当にその目標がKGIとして適しているかを十分に吟味する必要があります。

サイトの目的から立ち返って再定義したKGIとKPIですが、そこからもう一度、サイトの目的を考えてみてください。最終的な目標が同じ売り上げでも、達成するために注力する手段と本音がより具体化した仮説に言語化できるのではないでしょうか。

図2 ロジックツリー

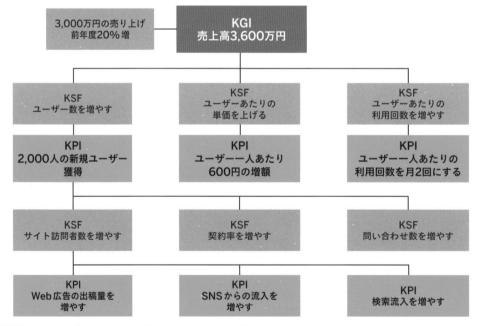

最終的なビジネスのゴールであるKGIを頂点として、KSFとKPIに落とし込んでいく

ペルソナ設定と戦略設計

文：滝川 洋平

――先入観で設定した根拠がないペルソナは、マーケティング施策を実施するで悪影響を及ぼします。客観的なデータやエビデンスにもとづいた正しいペルソナを設定しましょう。

ペルソナ設定から得られるもの

Webマーケティングにおけるペルソナとは、「ある商品やサービスにとって、最も重要かつ象徴的なユーザー像」のことです。実在する一人の人間のような詳しい属性情報、趣味嗜好、価値観や生活パターンを設定することで、ユーザーニーズを深く理解できるようになります。

「象徴的なユーザー」であるペルソナを通じて、ユーザーの趣味嗜好や考え方を把握すれば、「何を」「いつ」「どのタイミングで」訴求するかといったプランニングの指標になり、戦略を立てる上で活用できます。

また、ペルソナ設定によって「象徴的なユーザー」像をチーム内で共通認識としてもつことができます。メンバー間で思い描くユーザー像にブレがなくなるため、施策を実施する上でも、どの

ような層に向けて、どういったコンテンツを開発していくかといった方針を統一できます。

このように、生身の人間のライフスタイルを意識したナラティヴ（narrative：物語的・叙述的）なマーケティングを実施する上で、起点になるのがペルソナ設定です。

ペルソナ設定の方法

ペルソナ設定は、まず自社のサービスを実際に利用している既存顧客を知ることから始めます。

ロイヤルカスタマー像を参考にしたり、実際に顧客と接しているスタッフにヒアリングをしたりして、事実にもとづいた情報を集めましょう。

チームメンバーの先入観や思い込みで設定した根拠がないペルソナは「こうだったらいいな」という、都合がいい妄想の人物像でしかありません。役に立たないばかりか、見当はずれな施策を実施する原因になってしまいます。

正確なエビデンスをもとに、客観的な視点でペルソナ設定を行なっていきましょう。

アクセス解析をもとに分析する

アクセス解析は、今までの運営の成果を定量的に判断するための材料になります。最初に大局をつかんで分析の過程で深掘りし、ミクロとマクロの視点を行き来して精度を高めることが重要です。

解説：滝川 洋平

検討フェーズ

客観的に捉えて全体最適を意識する

KGIやKPIを再確認したら、アクセス解析ツールを中心に現状のアクセス状況を分析しましょう。先入観を取り払って、通常は深掘りしないところまでよく観察し、Webサイトの全体的なヘルスチェックを行ないます。

> この分析は普段の運営時に行なっている定期レポートではないので、今までの成績や成果を評価する意識で取り組んでみましょう。

再定義した判断基準にもとづいて分析を進める

と、場合によっては目を覆いたくなるような結果を目の当たりにすることがあるかもしれません。そういったときは課題を解決するチャンスだと捉え、あくまで客観的に分析結果を受け止めるよう心がけましょう。よいところはよく、改善が必要な部分は改善が必要と、第三者視点を意識して取り組みましょう。

リニューアルに際して数値を分析するポイントは、局所最適のためではなく、全体最適をするための分析を行なうと念頭におくことです。全体での流れが悪いところを見極めたり、リニューアル後も活かすべきよいところを洗い出したりします。前述の通り通常運用時のレポートよりも深掘りして解析しますが、深掘りしすぎることで木を見て

図1 Google Analytics

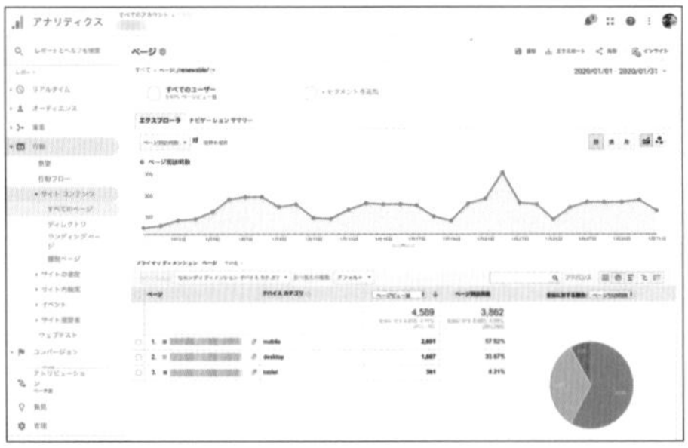

「行動」→「サイトコンテンツ」→「すべてのページ」でページ別訪問数を表示した画面

「行動」→「サイトコンテンツ」→「すべてのページ」でページビュー数を表示した画面

森を見ずの状態に陥らないように心がけましょう。

それでは、主にどの数値を見て何を判断するのかを見ていきましょう。さまざまなアクセス解析ツールがありますが、ここでは多くの現場で導入されているGoogle Analytics（以下、GA）を使って解説します 。

大まかな分析の流れ

GAが取得する数値は多岐にわたります。もちろんすべての機能を使いこなしてさまざまな情報をもとに分析を行なうに越したことはありません。一方で、全体的なヘルスチェックを行なってから、気になるところを確認・検証するために深掘りするほうが手戻りが少なく、効率的に分析を進められるといえます。

また、分析を行なう課程で、GA上で適切な目標の設定を行なっていなかったり、Google Tag Managerで取得すべきイベントが設定されていなかったりするケースも少なくありません。そういった環境の不備は発見次第修正し、対象期間が少ないながらも確認を進められるようにします。

そのためにも、まず大局をつかみ、その課程で適切な設定を追加して、詳細を深掘りするという流れで進めましょう。

図2 曜日別のページビュー数

時間帯や曜日、季節などで、ユーザーのアクセス数がどのように変化するかをつかむ

①アクセスの全体量と概要を

対象期間を絞り、訪問数やPV（ページビュー）、UU（ユニークユーザー）などのサイトアクセスの全体量を把握します。

コンテンツごとのアクセス数のリストを作成し、アクセスが多いページを把握します。ユーザーの属性を大まかに把握して年齢層や性別などの属性を確認し、各ページの年齢性別ごとの概要をつかみます。ここで大きな変化があるページは深掘りする対象としつつ、全体の傾向をつかむところにとどめておくことがポイントです。

また、ユーザーの閲覧環境の現状も認識します。モバイルからのアクセス比率や、アクセスに使用しているブラウザなど、リニューアル後のサイトを設計する際に大きく影響する情報を把握しておきます。

②時間軸での変化を抽象化する

ユーザーがアクセスする時間帯の変化や、曜日における変動、季節による変動を把握します 。

アクセスする時間帯によって、日中のビジネスアワーに利用されているサイトなのか、あるいはアフターファイブ以降に利用されるのか、サイトの利用動向を再確認しましょう。それと同時に、曜日ごとの変動を把握することで、ユーザーがどのようにサイトを利用しているのか、ライフスタイルを推測できるようになります。これは全体概要で取得したユーザー属性と合わせて仮説を立てることで、ターゲット像の検証にも利用できるため、複数の期間で検証することを心がけます。

また、扱っている商材に関わらず、季節性の変動もあるので、年間の変動なども理解し、施策に注力すべき季節や時期も再確認します。

CHAPTER 1

③閲覧開始ページ、離脱ページ、流入元を把握する

ユーザーはどのページにランディングして、どこのページで離脱しているのかを確認して、サイト内におけるユーザーの経路を把握します。

ユーザーはどういった意図でどのようにサイトに訪れ、なぜ離脱しているのかの仮説を立てることは、経路改善に役立ちます。また、ランディングページのURLとアクセス量などを把握すれば、後続の設計フェーズにおいてURLの設計やリダイレクト処理の検討にも活用できます。

④インタレストカテゴリでユーザーの傾向をつかむ

オーディエンスが興味を持った領域を分析すれば、最初に設定したターゲットにサイトのコンテンツが届いているかを把握できます。現状の訪問者のうち、ビジネスのターゲットになり得る人の割合はどれくらいなのか、その割合を高めるにはどのような施策を行なえばよいのかという判断基準として活用します。現状のサイトのユーザーはどのようなユーザーなのかをよく知ることで、ター

ゲット像の精度を向上させましょう。

リニューアル時のアクセス解析で何をつかむべきか

繰り返しになりますが、アクセス解析からは非常に細かいデータが取得できます。だからこそ、細部にとらわれてしまうと本質を見失ってしまうおそれがあります。そのため、「量>導線>ユーザー像」というように掘り下げていきます。全体の流れから抽象化を行ない、そこから仮説を立て、課題を見い出してリニューアル後のあるべき姿を考えるための題材にすることが重要です。マクロとミクロの視点を使いこなして、現状のサイトのヘルスチェックを行ないましょう。

最低限見ておきたい指標

アクセス解析をするにも何から見たらいいかわからない、じっくり解析する時間がないという場合には、ここで解説する最低限見ておきたい項目を確認しましょう。それらの指標が何を意味するのか、そこからどんな洞察を得るのかもおさらいします。

図3 セッションの考え方

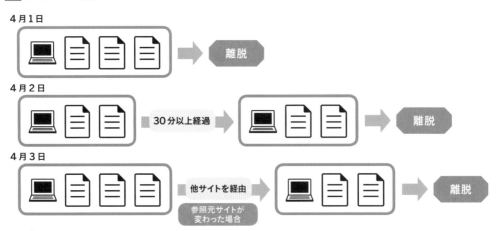

この場合は、UU：1、セッション：5、PV：12となる

セッション数

期間内にサイトにアクセスしてきたユーザーの総数です。サイト全体のアクセス規模を把握する上で基本となる重要な指標です。1回そのサイトを訪れたら、セッション数が1ということになります。毎日午前0時、あるいは最後のアクションから30分経過したらセッションがリセットされます。セッションの考え方は 図3 図4 を参考にしてください。

PV（ページビュー）

サイトに訪問したユーザーが閲覧した全体のページ総数です。

1回のセッションで3つのページを見た場合は、セッション数は1となり、PV数は3になります。

サイトのページ閲覧総数を示す指標となるため、広告収入やバナーの閲覧数で収益を上げるサイトなどでは特に重要な指標です。

UU（ユニークユーザー）

期間内にサイトに訪問したユーザーの実数です。1人のユーザーが同じブラウザで3回同じサイトに訪問した際は、セッション数は3となり、ユーザー数は1になります。

これらの指標からサイト全体のアクセス状況を確認したら、ここから測定の視点を変えて深掘りしていきます。ユーザーの行動やターゲット像をさらに明確にするための手がかりが得られます。

属性

ユーザーの年齢や性別などの属性です。サイトの訪問者が男性なのか女性なのか、どのような年齢層が閲覧しているのかを推定できます。属性の項目から深掘りすれば、年齢ごとに閲覧されているページを洗い出すこともできるので、普段のレポート作成で解析対象でなかった場合は、ここで大まかなリストを作成しておきましょう。

閲覧環境

ユーザーがサイトを閲覧する際の環境が確認できます。サイトがどのようなデバイスで閲覧されているのか、OSやブラウザは何なのかといった情報は、リニューアル後のターゲットブラウザやスマートフォン対応の方針を策定する際の助けになります。

CHAPTER 1

図4 UUとセッションとPVの考え方

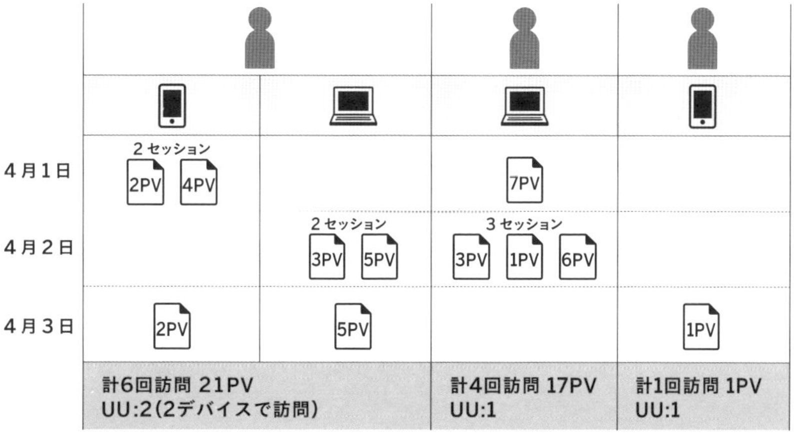

	📱	💻	💻	📱
4月1日	2セッション 2PV 4PV		7PV	
4月2日		2セッション 3PV 5PV	3セッション 3PV 1PV 6PV	
4月3日	2PV	5PV		1PV
	計6回訪問 21PV UU:2（2デバイスで訪問）		計4回訪問 17PV UU:1	計1回訪問 1PV UU:1

この場合、PVは39、訪問数は11、UUは4となる

とはいえ、今日では多くのサイトがモバイルからのアクセスが多くを占めていると思われます。リニューアルに際して、モバイルファーストで設計することの重要さを実感すると同時に、環境別のコンバージョン率なども見て、ユーザー行動を検討する課題にしましょう。

滞在時間

ユーザーがサイトを閲覧していた時間です。具体的には、指定した期間内のすべてのセッションの滞在時間を合計して、それを総セッション数で割った値になります。図5 のようにセッションが開始してから、最後のアクションまでの平均時間です。直帰は最初のセッションだけで次のアクションがない状態のことを指すため、直帰＝滞在時間は0秒となります。PV数や、セッションあたりのPV数などの指標と照らし合わせてみましょう。

直帰率

直帰とは、ユーザーがサイトを訪れた際に閲覧開始したページだけを閲覧してそのままサイトから離脱してしまう行動のことで、1セッション＝1PVの訪問です。つまり、「直帰率」とは、全セッションに対して直帰したセッションの割合を示し

たものです。ここでは、サイト全体の直帰率を把握するのと同時に、直帰率が高いページを洗い出しましょう。それによって、ユーザーの導線やコンテンツを再検討する材料に使用します。

新規セッション率

対象期間における新規ユーザーとリピートユーザーの比率です。全体のセッション数と合わせて見ることで、ユーザー総数が増えているのか、ユーザー1人あたりのフリークエンシーが増えているのかを判断します。そのため、単一の期間だけを見て判断せずに、長いスパンで解析を行ないましょう。

流入元／チャネル

どのような経路でWebサイトにユーザーが訪れているかの概要です。オーガニックリサーチの検索流入や、ソーシャルメディア経由など、流入元のカテゴリのトレンドを判断するのに役立ちます。Refferal（外部サイトのリンク経由）やソーシャル経由での流入が多かった場合、リニューアルの際にURLが変わってしまうとその分のアクセスが減少する原因になるので、リダイレクトの設定や、そもそものURLの設計を検討する際の判断基準にもなります。

図5 セッションと滞在時間の考え方

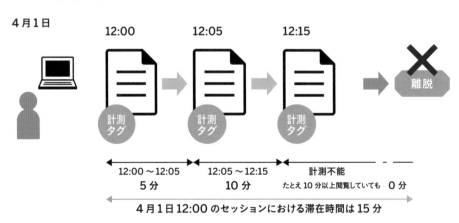

ランディングページ

ユーザーがWebサイトを訪問した際に、閲覧を開始したページを計測します。SNS経由や検索流入などのエンジン経由が多いサイトの場合、ユーザーはトップページから訪問するとは限りません。そのため、何を求めてユーザーがサイトに訪れているのかを推測したり、サイト内で有力なコンテンツ／ページを把握したりする手がかりとなります。

離脱ページ

ユーザーが最後にアクションを取ったページ、すなわちユーザーが閲覧を終了したページを計測します 図6 。資料請求や申し込みなどの、ユーザーが目的を達成したページが離脱ページなら問題ありませんが、そこにいたる過程で離脱していたり、直帰だったりする場合は、UIの改善やコンテンツの改善などを検討する手がかりになります。

コンバージョン

事前に設定したサイトの目標達成度合いです。訪問数やPV数、滞在時間であったり、資料請求

のサンクスページであったりと、目標を達成したと判断できるアクションの数を計測しています。しかし、こちらは事前に目標を設定した時点から、それ以降の数値しか計測できません。そのため、リニューアルにあたっての解析を実施する際には、事前に目標設定を確認しつつ、取得できていない目標や検証のために必要な目標があれば速やかに設定し、一定の期間（1週間、1カ月間）を空けて再確認しましょう。

数値にとらわれないために

このようにアクセス解析は、さまざまな指標が取得できる一方で、それを判断するための基準は運用の現場ごとに存在します。その指標の数値が多いのか少ないのか、好ましいのかそうでないのかは、時と場合によります。

解析から得られる数値は、その他の分析項目を検証する上でエビデンスとなる数値です。各指標を取得して終わりではなく、気になる項目があったらつど立ち返って、分析の精度を向上させることに役立ててください。

CHAPTER 1

図6 離脱の考え方

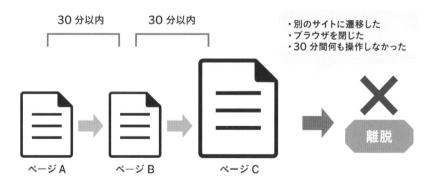

直前に行なったアクションから次のアクションまで何もせずに30分経過すると、セッションが終了し、離脱として扱われる

Webサイトの使い勝手を分析しよう

現状の数値が把握できたら、次はUIやUXの観点から現状のサイトを分析して、使い勝手やユーザー体験の部分から現状の課題を洗い出してみましょう。

解説：滝川 洋平

検討フェーズ

現状の課題を整理する

サイトの使い勝手については、使用しているCMSのパッケージやシステムの仕様上の問題など、サイトが今日にいたるまでのさまざまな経緯から、後回しになることが少なくありません。

しかし、そうした事情は運用サイドの都合であって、ユーザーにはまったく関係がないことも事実です。サイトリニューアルは、このように「理解しているけれど手がつけられなかった課題」に着手する絶好の機会です。このチャンスにユーザー目線で自分のサイトを使ってみて、自覚している課題と、無自覚な課題を把握しましょう。

モバイル端末によるアクセスが主流というサイトでも、運営に携わるみなさんは、普段PC表示のサイトに触れている場面が多いのではないでしょうか。いちユーザーの視点で、モバイルでの使い勝手を体感することが重要です。

サービスサファリをやってみる

それでは、サイトの使い勝手を確かめるために、実際に自分のサイトを顧客目線で利用してみましょう。サイトにランディングするところか

図1 ユーザーが離脱しているポイントを洗い出す

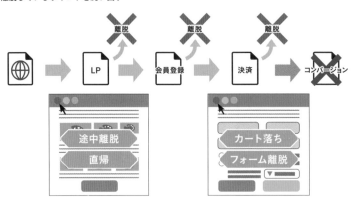

ら、コンバージョンまでの一連の流れを体験し、Webサイトを利用する中でよい事例、悪い事例を収集して、ユーザーフローに引っかかりがないか、戸惑うところはないかを検証して課題となる点を洗い出していきます 。

これは、ユーザーの行動フローを把握することが目的であるため、課題やよい点などを整理して、ペルソナ設定とカスタマージャーニーマップの作成に役立てましょう。ただし、使い勝手に直接関わりない部分の議論になってしまうと結論がぼやけてしまうため、横道にそれないようにしましょう。

離脱ポイントを重点的に体験する

アクセス解析で得られたデータをもとにユーザーが離脱しやすいポイントを重点的に体験することで、なぜ離脱するのか、どうしたら離脱しなくなるのかの仮説を立てられます。

フォームであれば、使い勝手の悪さなどをフラットな意識で体感したり、デバイスごとに入力してみたりすることで、よりよいインターフェイスを考えるきっかけになるでしょう 図2。現状のUIやUXを実体験することによって、「普通」を考え直すことがこのプロセスの目的です。もちろん、時流で「普通」は変化します。普段はなかなか俯瞰的に見られないポイントに向き合える絶好の機会ですので、客観的に取り組んでみましょう。

シャドーイングで検証する

客観的に体験するとはいっても、自分では気づけないポイントがあるものです。そのため、思い込みや先入観のないユーザー、つまり直接運営に関わっていない同僚や別部署のスタッフなどに操作してもらい、その過程を観察してみましょう 図3。画面や操作する手元を録画して、それを被験者といっしょに見ながらインタビューすると、どこでどう戸惑ったのか、どこが使いやすかったのかが明確になります。

ここで大事なことは、被験者に忖度させずに、率直な感想を述べてもらうことです。可能なら実際の顧客に対してユーザーインタビューを実施したいところですが、まずは身の回りでできるところから始めてみましょう。

> ユーザーの不満や要望は改善ポイントにつながります。ただ、抜本的な改善を行なうことが必ずしも正しいとはいえません。よいところは残しつつ、あきらかにユーザーのためにならない、「制作側の都合でそうなっている」ところを改善するようにしましょう。

CHAPTER 1

図2 ユーザーの視点で見直してみる

ヘッダーのナビゲーションは適切か

大きなイメージや動画の読み込みにストレスはないか

文字数、文字サイズは適切か。省略表示は意味が伝わるか

タップしづらい／誤タップがおきやすくはないか。フリックで意図しない動作がおきないか（ブラウザバックなど）

適切にスクロールをコントロールできる対策はあるか

図3 思い込みや先入観のない人に使ってもらう

Webサイトの
ビジネス上の役割を確認する

アクセス解析や使い勝手を分析して現状の課題が見えてくると、サイトの目的も次第に明確になってきます。ここで視点を変えて、自社のビジネスにおいてサイトが担う役割を考えてみましょう。

解説：滝川 洋平

検討フェーズ

自社ビジネスの観点で
改善できないこともある

　具体的な目標設定やゴールの設定を行なったことで、Webサイトの目的や役割は明確になったのではないでしょうか。では、自社のビジネスにおけるWebサイトが持つ役割はどうでしょうか。

　ビジネスプロセス全体でいえば、Webサイトが占める役割は限定的です。リニューアルに際して抜本的な改善を行なおうとしても、その他のプロセスにおいてうまく連携が取れなければ、仮に素晴らしい企画を立てたとしても絵に描いた餅に終わってしまいます。

　ここで大切なのは、Webという枠組みを外して考えることです。新たな企画やアイデアを実現するためにも、ビジネスプロセス全体を把握しておくことが欠かせません。

サイトを自社のビジネス全体から捉えてみると、組織として「何ができ、何ができないのか」が見えてきます。企画やアイデアを実現する上で、がんばれば乗り越えられる壁や、そもそも実現が不可能なものを判断する基準になるでしょう。

インターネットの枠組みを
外して考える

　WebサイトのゴールやKPIを確認したら、そこから営業のチームにプロセスが移ったり、配送のフェーズに移ったりと、役割を担う担当部署は変わります。そういったビジネスのフローを図に書き起こしておくと、Webサイトがどのような連携を行なうべきかが明確になります。ビジネスにもよりますが、大まかなものでよいので、なるべく事業におけるWebサイトの位置づけがわかるマップを作成することをおすすめします 図1 。

ステークホルダーを理解する

　サイトを利用するユーザーを考えるにあたって、まずは顧客を中心に企画を考えるのではないでしょうか。とはいえ、サイトを利用するのは顧客だけではありません。当然のことながら営業のスタッフや代理店をはじめとするステークホルダーも、営業時や商談時に自社のサイトを活用しています。だからこそ、自社の社員をはじめとするステークホルダーは、顧客よりも厳しい視点で自社のサイトを捉えています。Web部門まで声が届いていないだけで、表面化していない不満や要望などを抱えていることを理解しましょう。

　こうした不満や要望は貴重なインサイトです。

顧客との接点がより多いところで得られた知見は、得がたいデータですから、このような情報を改善に活かさない手はありません。ていねいにステークホルダーへのヒアリングを行なって、リニューアルに際しての仮説作りに役立てましょう。

ステークホルダーへのヒアリング

社内外のステークホルダーへのヒアリングにおいて、留意したいことは何でしょうか。それは、あらかじめ想定問答を用意しておくことです。いざ対面でインタビューの機会を設けたとして、その場で要望や不満を聞き出せるわけではありません。たとえヒアリングに対しての準備を事前にお願いしていたとしても、思ったような回答を得るのは難しいでしょう。また、何度もヒアリングの場を設けるのも反発を招きかねません。

そこで事前にアンケートを採り、回答を例示すると、具体的な要望が得やすいでしょう。そのためには、平時からの情報収集と、サイトの使い勝手の調査から得た改善のタネをもとに、仮説立案を行なう必要があります。常日頃から内部の声に耳を傾けられる体制を整えておくことが大切です。

また、フロントエンドだけでなく、管理画面や更新プロセスの部分もヒアリングの対象となるため、忘れずに汲み上げられるように、更新作業のワークフローにも触れておきましょう。

運用負荷の軽減が望めるのなら、現場のスタッフの協力も得やすくなるため、さまざまなステークホルダーに寄り添ってヒアリングしましょう。ステークホルダーへのヒアリングは不安を語ってもらう「ガス抜き」であることも事実です。それでもリニューアル後のサイトにあたって、まったく現場の声を聞かずに進めたという反発を招かないよう、ていねいに進めるべきポイントです。

Webにおける技術やサービスが発展してできることが増えても、最終的には生産ラインや配送の問題、経理上の問題などに行き当たる現実があります。理想を実現するだけでなく、現実と擦り合わせることも大切です。内部的なハレーションを起こさないためにも、ヒアリングをていねいに行ない、ステークホルダーの思いを汲み取るようにしましょう。

図1 事業におけるWebサイトの役割を示したマップの例

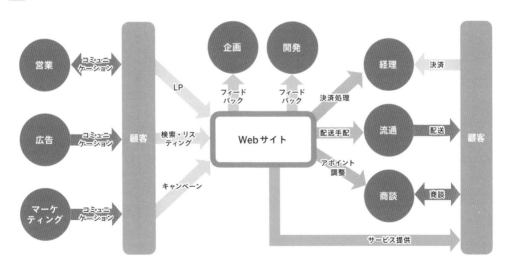

サイト構成を把握して コンテンツを整理する

新規構築と異なり、リニューアルでは既存コンテンツや外部サイトからの被リンクなど、引き継ぐべきものが存在します。取捨選択しようにも、地道な作業で現状を把握しないことには始まりません。

解説：滝川 洋平

検討フェーズ

影響範囲や実施範囲を見定める

リニューアルを失敗させないためには、既存のコンテンツを活かしながら、検索エンジンのランクや既存の被リンクを、いかにして新しいサイトに移行するかがキモとなります。そのため、現在のコンテンツのボリュームを把握して、影響範囲と実施範囲を定めることが重要です。

Webサイトは運用の過程で日々成長するものです。コンテンツが増えるのは必然としても、リリース時に想定していなかったコンテンツが加わることで、当初の情報設計から外れるものが出てきたり、そもそもの構造が変わることもあります。サイトの使い勝手を分析した際に、ユーザー導線に違和感を覚えたり、引っかかりがあったりする場合は、構造に課題があることが多いものです。だからこそ詳細なサイトマップを作成し、現状の構造を可視化しておくことが欠かせないのですが、サイト構造の把握は手間がかかります。いきなり詳細なサイトマップを作るのではなく、まずは現状のサイトストラクチャを作成し、構造を抽象化して全体像を把握するところから始めましょう。

図1 ツリー構造タイプ

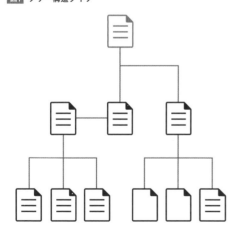

下層に進むほど、情報の具体性が高くなる

図2 ファセット型タイプ

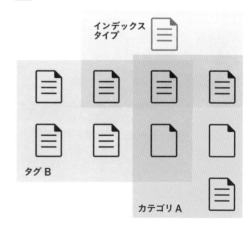

インデックスタイプ

タグ B

カテゴリ A

複数のカテゴリに属する情報を分類する

5種類のサイトストラクチャ

Webサイトは大きく5種類のサイトストラクチャに分類されます。自分のWebサイトがどのタイプであるかを確認して、それに合わせてサイトストラクチャを作成してみましょう。

階層構造型

ツリー構造と呼ばれる情報構造で、PCのディレクトリ構造などで目にする機会が多いタイプです 図1 。

大カテゴリ→小カテゴリ→詳細情報というように分類され、下位・下層へ進むほど情報の具体性が高くなるので、ユーザーが能動的に情報を探しやすい構造です。静的サイトやCMSにおいても、カテゴリを利用した基本的なディレクトリ設計であれば、この形式が多いでしょう。

ファセット型

階層構造型と似ていますが、複数のカテゴリに所属する情報を分類する際に採用されます 図2 。

WordPressのようなCMSに多い、情報自体にタグをつけて分類したり、複数の検索軸でソートしたりする際にわかりやすい構造です。この構造では、コンテンツごとにメタデータを管理する必要があるため、CMSを利用することが前提となっています。ECサイトやメディアサイトなどでよく使われています。

Web型

コンテンツ同士が相互に参照し合っている情報構造です 図3 。

Wikipediaのように相互にリンクし合っていて、網の目のようになっています。大規模なサイトでは、複数の構造と並列してWeb型の情報構造が存在しているケースも多く見られます。

ハブ＆スポーク型

1つの基本となるページを中心にして、機能やカテゴリごとにコンテンツが放射状に広がった情報構造です 図4 。自転車の車輪のような構造であることから、こう呼ばれます。

Facebookなどのマイページを持つようなサイトで採用されています。スポークの先で階層構造を持つサイトもよくあります。

CHAPTER 1

図3 Web型タイプ

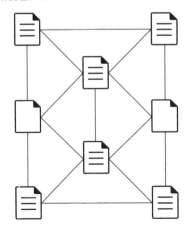

コンテンツ同時が相互にリンクし合っている

図4 ハブ＆スポーク型タイプ

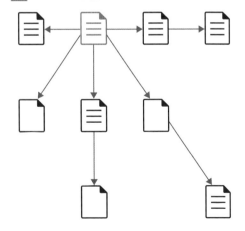

機能やカテゴリごとに放射状に広がっている

直線型

ほかのコンテンツへの誘導や離脱を抑えたいサイトなどで目にする機会が多い情報構造です 図5 。

ランディングからコンバージョンへ向かう一連の流れをたどるという目的があるため、問い合わせフォームや、リードジェネレーションサイトなどで採用されています。一般的には、ほかの形態を持っているサイト内でも、カートからレジの購入までのプロセスに限って採用されていますが、基本的にはキャンペーンサイトのLPなどによく見られます。

サイトストラクチャは大きく分けるとこれらの形態を示しますが、最近のWebサイトでは複数の形態を合わせ持っていることが珍しくありません。これらを組み合わせて、現状のサイトの形態を抽象化してみましょう。作成にあたっては、まず手書きで大まかな構造を書き出してから、PowerPoint や OmniGraffle、Microsoft Visio、Adobe XD などのツールでデジタル化すると、手戻りが少なくなるのでおすすめです。

コンテンツリストの作成

サイトの構造を把握したら、現状のコンテンツリストを作成します。コンテンツを整理する際には、まずサイト全体の抽象度を高めて全体像を作り、大枠の構造を把握した上で適切なマッピングを行なうという流れが欠かせません。

コンテンツリストは、サイトの規模によって作成時の手間が大きく変わりますが、可能な限り事前に作っておくことをおすすめします。その際は、図6 のような項目を網羅するようにします。それぞれのストラクチャに通し番号をつけ、その上で現状のコンテンツのリストを作成して、それぞれどの構造にあたるのかをマッピングしましょう。人力でリスト作成が可能な規模のサイトならば全量リストを作成したいところです。

運営期間が長いサイトやコンテンツが日々生成されていく大規模なサイトの場合は、コンテンツの全量リストの作成自体で疲弊してしまいかねません。CMSによってはコンテンツリストをCSVなどのフォーマットで出力してくれるものもありますが、そうでない場合は、なるべく自動で出力する方法を探り、難しいようであればボリューム感を認識する程度にとどめておきましょう。

図5 直線型タイプ

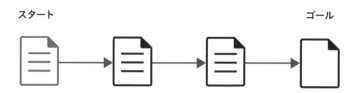

スタート　　　　　　　　　　　　　　　　　　　ゴール

ランディングからコンバージョンに向かって、直線的に進む

リニューアル後の URL変更の可能性に備える

現状分析の時点では、リニューアル後にどのようなサイト構成になるかはわからないため、URLが変わってしまう可能性に備える必要があります。そのため、大まかなコンテンツリストを作っておけば、URLの命名法則やディレクトリ構成などが把握できるようになります 図7。

ここで作成したリストは、リニューアル後のサイトでリダイレクト設定を行なったり、検索避けをするためのnofollow属性を設定したりする上で指針となります。どのような構成なのかを理解してから移行するコンテンツを選定すると、余計な手間や検討項目を減らすことができます。アクセス解析の状況と照らし合わせて、コンテンツ移行リストが作成できるようにしておきましょう。

図6 コンテンツリスト

第1階層	第2階層	第3階層	第4階層	第5階層	第6階層	URL	コンテンツ種別	コンテンツ内容	削除	タグ	サーバパス
トップ						foobar.com/index.html	インデックス	トップページ		-	/web/html/
	新着情報一覧					foobar.com/news/	インデックス	新着記事一覧		-	/web/html/news
		各新着情報詳細				foobar.com/news/YYYYMMDD_NN.html	エントリ	新着記事詳細、CMSから入力する		-	/web/html/news/YYYYMMDD_NN.html
		各ニュースリリース				foobar.com/release/YYYYMMDD_NN.html	エントリ	プレスリリース詳細、CMSから入力、pdfリンクの可能性も		-	/web/html/release/YYYYMMDD_NN.html
	カテゴリ一覧					foobar.com/category	インデックス	カテゴリリスト		-	/web/html/category
		世界				foobar.com/category/world	インデックス	大カテゴリの新着記事一覧、自動更新		-	/web/html/category/list
			各地域一覧（世界）			foobar.com/category/world/[AREA]	インデックス	中カテゴリの新着記事一覧、自動更新		-	/web/html/category/list
				各記事詳細		foobar.com/YYYY/MM/DD/world/[AREA]/[entry_name].html	エントリ	記事詳細		-	/web/html/entries/YYYYMMDD_NN.html
		国内				foobar.com/category/domestic	インデックス	大カテゴリの新着記事一覧、自動更新		-	/web/html/category/list
			各地域一覧（国内）			foobar.com/category/domestic/[AREA]	インデックス	中カテゴリの新着記事一覧、自動更新		-	/web/html/category/list
				各記事詳細		foobar.com/YYYY/MM/DD/domestic/[AREA]/[entry_name].html	エントリ	記事詳細		-	/web/html/entries/YYYYMMDD_NN.html
		経済				foobar.com/category/economics	インデックス	大カテゴリの新着記事一覧、自動更新		-	/web/html/category/list
			テーマ一覧（経済）			foobar.com/category/economics/[THEME]	インデックス	中カテゴリの新着記事一覧、自動更新		-	/web/html/category/list
				各記事詳細		foobar.com/YYYY/MM/DD/economics/[THEME]/[entry_name].html	エントリ	記事詳細		-	/web/html/entries/YYYYMMDD_NN.html
		スポーツ				foobar.com/category/sport	インデックス	大カテゴリの新着記事一覧、自動更新		-	/web/html/category/list
			テーマ一覧（スポーツ）			foobar.com/category/sport/[THEME]	インデックス	中カテゴリの新着記事一覧、自動更新		-	/web/html/category/list
				各記事詳細		foobar.com/YYYY/MM/DD/sport/[THEME]/[entry_name].html	エントリ	記事詳細		-	/web/html/entries/YYYYMMDD_NN.html
	検索結果一覧					foobar.com/category/search/search?q=検索文字列	検索	検索結果一覧、リスト		-	/web/html/release/YYYYMMDD_NN.html
	お問い合わせ					foobar.com/inquiry	フォーム	お問い合わせページ、フォームページ		-	/web/html/release/YYYYMMDD_NN.html
		入力内容確認				foobar.com/inquiry/confirm/	フォーム	お問い合わせ内容の確認ページ、フォームページ		-	/web/html/release/YYYYMMDD_NN.html
			送信完了			foobar.com/inquiry/completed	フォーム	お問い合わせ送信完了ページ、フォームページ		-	/web/html/release/YYYYMMDD_NN.html
				送信確認メール			―		-	-	/web/html/release/YYYYMMDD_NN.html
	採用情報					foobar.com/recruit	スタティック	採用情報		-	/web/html/release/YYYYMMDD_NN.html
		各職種内容詳細				foobar.com/recruit/[jobs]	スタティック	採用情報詳細ページ		-	/web/html/release/YYYYMMDD_NN.html
			採用サイトへ				―		-	-	/web/html/release/YYYYMMDD_NN.html
	会社情報					foobar.com/aboutus	スタティック	会社情報		-	/web/html/release/YYYYMMDD_NN.html
		会社概要				foobar.com/company	スタティック	会社情報、会社概要		-	/web/html/release/YYYYMMDD_NN.html
		企業理念				foobar.com/philosophy	スタティック	企業理念		-	/web/html/release/YYYYMMDD_NN.html
		事業所一覧				foobar.com/office	スタティック	事業所の一覧		-	/web/html/release/YYYYMMDD_NN.html
	プライバシーポリシー					foobar.com/privacy	スタティック	プライバシーポリシー			/web/html/release/YYYYMMDD_NN.html

第1階層（トップページ）から階層順に、ツリー構造で分類している

図7 コンテンツ移行リストの例

No.	URL	移行後URL	リダイレクト設定	meta
1	foobar.com/index.html	-	-	-
2	foobar.com/news/	-	-	-
3	foobar.com/news/YYYYMMDD_NN.html	-	-	-
4	foobar.com/release/YYYYMMDD_NN.html	-	-	-
5	foobar.com/category	foobar.com/category	-	-
6	foobar.com/category/world	foobar.com/category/world	-	-
7	foobar.com/category/world/[AREA]	foobar.com/category/world/[AREA]	-	-
8	foobar.com/YYYY/MM/DD/world/[AREA]/[entry_name].html	foobar.com/YYYY/MM/DD/world/[AREA]/[YYYYMMDDhhmm].html	○	-
9	foobar.com/category/domestic	foobar.com/category/domestic	-	-
10	foobar.com/category/domestic/[AREA]	foobar.com/category/domestic/[AREA]	-	-
11	foobar.com/YYYY/MM/DD/domestic/[AREA]/[entry_name].html	foobar.com/YYYY/MM/DD/domestic/[AREA]/[YYYYMMDDhhmm].html	○	-
12	foobar.com/category/economics	foobar.com/category/economics	-	-
13	foobar.com/category/economics/[THEME]	foobar.com/category/economics/[THEME]	-	-
14	foobar.com/YYYY/MM/DD/economics/[THEME]/[entry_name].html	foobar.com/YYYY/MM/DD/economics/[THEME]/[YYYYMMDDhhmm].html	○	-
15	foobar.com/category/sport	foobar.com/category/sport	-	-
16	foobar.com/category/sport/[THEME]	foobar.com/category/sport/[THEME]	-	-
17	foobar.com/YYYY/MM/DD/sport/[THEME]/[entry_name].html	foobar.com/YYYY/MM/DD/sport/[THEME]/[YYYYMMDDhhmm].html	○	-
18	foobar.com/category/search/search?q=検索文字列	foobar.com/category/search/search?q=検索文字列	-	nofollow
19	foobar.com/inquiry	coop.foobar.com/inquiry	-	-
20	foobar.com/inquiry/confirm/	coop.foobar.com/inquiry/confirm/	-	-
21	foobar.com/inquiry/completed	coop.foobar.com/inquiry/completed	-	noindex
22	-	-	-	-

現在のURLをベースに、移行後のURLやリダイレクト設定の有無などをリスト化している

リニューアルの
スケジュールを設定する

リニューアルプロジェクトを進めるにあたっては、予算とスケジュールを十二分に考慮しなければなりません。予算は規模によって変わりますが、スケジューリングには注意すべきポイントがあります。

解説：滝川 洋平

検討フェーズ

日頃からの備えも大切

　Webサイトのリニューアルは何らかの課題を解決する目的で実施するので、期間の制約がある場合がほとんどです。マーケティングの都合でリリース日を設定していたり、予算の都合で年度内のリリースが必須であったりと、期限に追われて十分な分析を行なう余裕がないこともあります。サイトに連携するシステムの移行も絡んでいるならば、十分な検証も求められるでしょう。

　しかしながら本書冒頭でも説明した通り、リニューアルがある日突然タスクとして降ってくる例は稀です。そのためにも日頃からあらかじめ準備をして備えておくことが欠かせません。実際にプロジェクトをスケジューリングする際には、もろもろのプロセスを逆算して取り組んでいくしかありません。無理なスケジュールでプロジェクトを炎上させないためにも、適切な期間とスコープを見極めて円滑に進められるようにしましょう。

リニューアルにおける
スケジューリングの目安

　要求する仕様や規模によっても大きく変化しますが、一般的にWebサイトの構築プロジェクトは、次のようなスケジュール感で推移します。

① 発注側が要求をまとめる：発注前
② 要件定義、見積り作成：0.5カ月
③ 設計：1.5カ月
④ 制作：2〜3カ月
⑤ テスト、確認：0.5〜1カ月
⑥ 公開

　一連の工程に少なくとも半年くらいの期間を確保したいところです。リニューアルの場合は、これらのプロセスに既存サイトからの移行が加わるため、テストと確認の工程を手厚くする必要があります。さらに、場合によっては既存のページへのリダイレクト設定が必要な場合もあるので、新規で構築するのとはまた違ったプロセスになるのが特徴です。いずれにしても、公開から各プロセスの所要時間を逆算してマイルストーンを設定し、それぞれのプロセスが無理なく、遅延しないように期間を確保することが欠かせません。

スケジュールのボトルネックとなる
要素を排除する

　こうしたプロジェクトにおいて、一番のボトルネックは発注側の確認や承認のプロセスです 図1 。

　ただでさえ限られた期間の中で、予算の承認やデザインの確認で行程をストップさせてしまうと、そのしわ寄せは制作サイドに行ってしまうことを理解しましょう。

見積りの承認や確定版の使用など、上役の決裁を仰がなければならないマイルストーンは、事前に役員会の日程を押さえておき、スケジュールを制作会社に伝えておくことをおすすめします。事前の根回しと、意思決定の権限の確認をていねいに進めましょう。

決裁の段階でそもそも論を持ち出して、前提をひっくり返そうとする人が現れることもあります。

社内政治的な対策はプロジェクトの本質ではありませんが、そのようなステークホルダーへの対処を怠ることで、スケジュールの遅延やプロジェクトの失敗を招くと、責任を取らなければならなくなるのはあなたなのです。こういった事態を回避するには、ステークホルダーとのヒアリングで十分なコミュニケーションを図っておくことが欠かせません 図2 。

スケジュールがタイトな場合は

サイトをはじめとする制作物は、スケジュールとコストとクオリティがトレードオフの関係にあります。「早くてリーズナブル」はあっても、かつハイクオリティというオーダーは通りません。

予算が決まっていてどうしてもスケジュールが動かせない場合は、リリース日に対応するスコープ範囲を限定して取り組むことも検討する必要があります。その際も無駄なハレーションを起こさないためには、事前の根回しが欠かせません。

また分割リリースの際は、1次リリース後の対応で発注サイドの動きが遅くなったり、制作サイドはバグの対応に追われて、次のプロセスにすぐ着手できなかったりすることもあります。そういった要素を勘案しつつ、積み残しタスクが残ったままにならないよう、気を引き締めて進めていきましょう。

図1 スケジュール作成のポイント

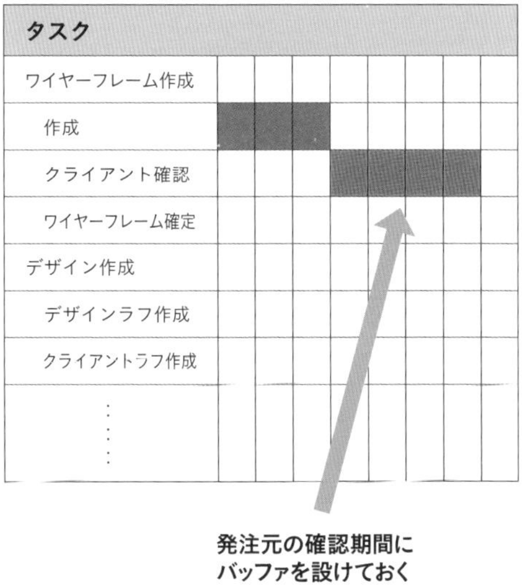

タスク						
ワイヤーフレーム作成						
作成						
クライアント確認						
ワイヤーフレーム確定						
デザイン作成						
デザインラフ作成						
クライアントラフ作成						

発注元の確認期間に
バッファを設けておく

図2 社内で十分なヒアリングを行なう

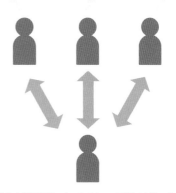

開発・生産	営業・バックオフィス	運用スタッフ
・業務要件 ・デザイン ・表示内容	・デザイン（内容） ・表示内容 ・入金処理など経理処理	・運用フロー ・業務要件 ・デザイン（仕様）

同じような確認項目でも、サイトへの要望は立場によって変化する

課題の洗い出しと分類

さまざまな視点で行なった分析から現場が抱えている問題を洗い出したら、自社のビジネス上Web
サイトに求められる役割を照らし合わせて、リニューアルの機会に解決すべき課題として整理しましょう。

解説：滝川 洋平

検討フェーズ

本質的な問題には
複雑な要素が絡まり合っている

　問題はそのままでは「課題」ではありません。
例えば「アクセス数が少ない」という状況ひとつ
をとっても、そもそもの流入数が少ないのか、あ
るいはランディングページでの離脱率が高いから
ユーザーがサイト内を回遊せず、全体のボリュー

ムが伸びないのかというように、本質的に解決す
るべき問題はたくさんの要素で構成されているも
のです。

　そのため、課題を洗い出すためにアクセス解析
を行なっただけでは、複雑な問題に対して頭を悩
ませるだけで終わってしまったかもしれません。
しかし、ここまで述べてきたような多面的な分析
を行なってきたのであれば、その問題がはらんで

図1 「Why？」のロジックツリー

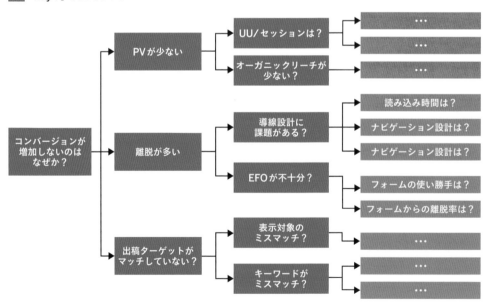

いるいくつもの「課題」が見えるようになってきたのではないでしょうか。

本節で解説するプロセスでは、問題を整理して分類し、仮説を立てて課題として洗い出します。それらを与件としてまとめ、制作会社への依頼時に、課題を解決する適切な提案をしてもらうための手がかりにしていきましょう。

ロジックツリーで考える

問題を課題化する過程では、フレームワークを活用するとロジカルに捉えやすくなります。そこで、ロジックツリーを使って問題の深掘りをしてみましょう。先に述べた通り、問題はたくさんの要素で構成されているものです。こうした複雑なものを一覧でまとめるときにもロジックツリーは活用できるので、積極的に使っていきましょう。

ロジックツリーの使い方

ロジックツリーは、現状の問題に対して「Why?（なぜ？）」と質問を繰り返し、その問いに対する答えを並べていくことで根本的な原因を分析するフレームワークです。そして、それらの原因に対して「How?（どうやって？）」の問いを繰り返すことで、最適な改善策を探ることにも活用できます。

ロジックツリーを作成する際は、左から右へと展開していくようにします 図1 図2 。また、回りくどい表現はなくし、シンプルかつ意味の重複がないようにしましょう。ロジックツリーを作成する際は、「MECE（漏れなく、ダブりなく）」を念頭に置いて書き出すことが重要です。このプロセスは要素の分解ですから、重なる要素がないように、そして意味のブレが生じないようにして整理してみましょう。

5W1Hで考える

問題を課題化する方法のもう1つは、問題に対して5W1Hで考えてみることです。問題は考えていくにつれて、どこが・どのように問題なのか混乱し、手段が目的となってしまいがちです。

図2 「How ?」のロジックツリー

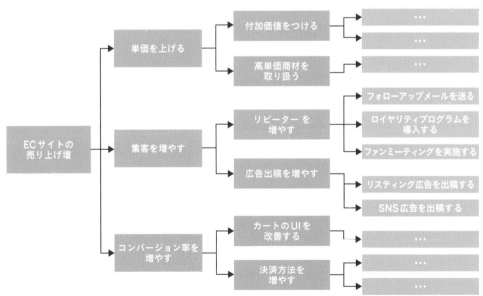

そういった事態を防ぐためにも基本に立ち返り、問題に対して5W1Hの問いを行ない、対象を整理して明確にすることが欠かせません。5W1Hとは、What（何を）、When（いつ）、Who（誰が）、Where（どこで）、Why（なぜ）、How（どうやって）という分類ですね。ロジックツリーを作る作業に行き詰まったときにも役立つので、組み合わせて活用してみてください 図3 。

目的と合わせて考える

分析して洗い出した問題をリストアップして、それらに総当たりして課題を見い出そうとすると収拾がつかなくなってしまうものです。そこで手がかりとなるのが、最初に定義した自社のビジネス上の目的です。

リストアップした問題がどの目的達成に関わるのか、当てはめてグルーピングすることで、一連

の問題を解決すべき課題として捉えられるようになります。また、そうして表面化した課題に優先度をつけて管理すれば、対処すべき問題が明確になり、課題が多すぎてどこから手をつけていいのかわからないという状態に陥りづらくなります。さらに、対処すべき問題が多すぎて、あれもこれも手を出して予算とリソースが足りなくなる悪循環も防げるでしょう。

これらの課題の塊に対して仮説を立てると、解決できるアクションや施策に落とし込めるようになるだけでなく、制作会社に依頼する際にも、具体的な要望として提示できるというメリットがあります。実際にプロジェクトが動き出したときや、制作会社からリニューアルプランの提案を提示されたときに、それらの要求が満たされているかを判断基準にできます。

図3 5W1H

When	いつ	いつリリースするのか、いつ広告出稿するのか。情報の露出量が最大化するタイミングなどを分析する
Where	どこで（どこに）	情報を生活者に届けるためのメディアや流通経路を分析する
Who	誰が（誰に）	どのような人物がサイトに訪問するのか、そこで取り扱う商材をどういった属性の人物が購入したいと考えるのかを分析する
What	何を（商材は）	サイトのコンテンツや、そこで販売する製品やサービスを分析する。コンテンツや商材だけでなく、「製品が顧客に提供する価値」についても分析する
Why	なぜ	市場や消費者が「なぜ、その製品を欲するのか」、「なぜ、そのサイトを利用するのか」という、市場のニーズを分析する
How	どうやって	ターゲットに商材を知ってもらい、サイトに訪問してもらうための最適なSEOや集客方法を分析する

サイトのコンテンツや、広告出稿のタイミングなどを検討する際にも活用できる

言葉の細かいニュアンスは伝わらないもの

文：滝川 洋平

——プロジェクトチームのメンバーには、さまざまな企業文化やバックグラウンドのある関係者が参加します。細かいニュアンスの違いより、正確な「意図」を伝えることに注力しましょう。

ニュアンスの違いを伝えるのは難しい

CHAPTER 1-13の冒頭（P48参照）で、「問題はそのままでは課題ではない」と述べました。同じように、似た言葉であるため、意味合いの細かな違いをプロジェクトの関係者に伝える際、混乱させてしまったことはありませんか？

問題と課題はロジックツリーのように親子関係にあるので、対象となるトピックの「意味の粒度」で分類できます。そこに注意すれば混同しにくくなるため、それぞれの関係性をよく理解しておきましょう。

・問題とは：理想と現状との間にあるネガティブなギャップのことで、目標を達成するために解決するべき事柄です。
例）売り上げが伸びない、集客が奮わない、工数が多い

・課題とは：問題を解決するための手段のことで、目標を達成するためにこれから対応すべきアクションです。
例）単価を上げる、新規顧客向けのキャンペーンを打つ、運用システムを導入する

「意図」を伝えることに注力する

異なる企業文化やバックグラウンドを持つ関係者が集まるプロジェクトでは、お互いが用いる言葉の正確なニュアンスを100％理解し合うことはできないでしょう。デリケートな意味合いの違いが、関係者全員に正しく伝わることは、まずあり得ません。

場合によっては、こうしたことが関係者間での認識にズレにつながります。それを防ぐために、細かいニュアンスの違いに頼らずに、「意図」が伝わる明快な説明が求められます。

言葉の意味のデリケートな違いを、あなた自身がていねいに扱うことはとても大切です。その一方で、コミュニケーション上のズレやミスをなくしたければ、意図的に使い分けても、言葉のニュアンスの違いは「通じない前提」で説明を行なうとよいでしょう。

運営コストを把握する

運用コストの削減は、リニューアルを実施するメリットのひとつになり得ます。日々の運用にかかっている「目に見えるコスト」と「見えづらいコスト」を洗い出すことから始めましょう。

解説：滝川 洋平

検討フェーズ

コスト削減は承認過程で
訴求ポイントになる

　リニューアルする動機のひとつに、「運用コストの削減を見込んで」というものがあります。

　実際、社内で具体的なコストの削減案を提示できれば、経営層にもわかりやすいアピールポイントになり、リニューアルプロジェクトの承認決裁を得られやすくなるでしょう。リニューアルの実施後に、コストがどのぐらい削減できたかを測定するためには、現状かかっているコストを正しく認識することが欠かせません。請求書ベースで認識できる目に見えるコストのほかに、普段の運営業務に溶け込んでいる目に見えないコストを可視化して、真の運用コストをあきらかにしましょう。

目に見えるコストを算定する

　Webサイトの運用では、制作会社から定期的に請求される保守費用やサーバーといったインフラ費用など、さまざまなコストが発生しています。

　これらは月額の費用であったり四半期ごとに請求されるものであったりと、契約によってさまざまですが、運用にどれだけの費用がかかっているかを改めて認識することは、リニューアル後の運用コストを考える上で役立ちます。具体的に定期的にかかるコストを確かめてみましょう 図1 。なお、

ここでは集客のための広告費用は除きます。

　図1 で列挙した費用のほかには、更新に使用するアプリケーションソフトのサブスクリプション費用などもありますが、いずれにせよほとんどの費用が請求書ベースで認識できるものです。まずはこれらの費用をすべて請求書ベースで収集し、1カ月あたりの運営費用としてまとめておきましょう。こういった請求書ベースのコストは、現状でどれだけ費用がかかっているかが把握しやすく、制作会社から見積りを取る段階でも、リニューアル後にどのようにコストが削減されるかがわかりやすいため、社内稟議を通す上でも活用できることでしょう。

目に見えづらいコストを
可視化する

　もう1つ忘れてはならないのは、目に見えづらいコストの把握です。

　具体的には、更新などにかかる作業時間や公開までのリードタイムなどの時間的なコスト、すなわち運用工数の可視化が該当します。運用を内製で行なっている場合でも、外注依頼している場合でも、作業担当者のリソースは等しく消費されています。現時点でサイト運用にかかっている時間を可視化しておき、それらの作業にあたる時間を最適化するように運用フローを見直せば、運用負

荷の削減が望めるでしょう。

これらのコストは、実際に作業を担当している
スタッフにヒアリングしたり、作業時間を計測し
たりして算出しましょう。次に示すような観点で
可視化し、1カ月あたりの作業時間を算出してみ
ましょう。

- 1日／1週間／1カ月あたりに何回作業を実施
  するか
- 1回あたりの作業にかかる時間はどれくらいか
- （外注の場合）作業を依頼してから公開までに
  どれくらいのリードタイムが必要か

ヒアリングを行なったことでリニューアル後に
作業工数の改善を図ることが可能なら、現場のメ
リットになるため社内の協力を得やすくなります。

ボトルネックを考えるきっかけに

社内の運用工数の可視化を行なうには、業務分
析や、運用フローの見直しが欠かせません（次ペー
ジ ）。日常のルーティンとなっている業務ひ
とつをとっても、どのように業務が発生して、ど
のように業務が完了しているのかを洗い出してお

きしょう。大まかな流れで捉えるのではなく、い
かなるプロセスで運用されていたかを詳細に認識
することが大切です。

また、運用期間が長いサイトは業務が属人化し
ていることもあり得ます。作業内容が担当者本人
しかわからないブラックボックスとなってしまわ
ないように、属人化している業務は、作業内容の
粒度をなるべく細かくブレイクダウンしておくこ
とを心がけましょう。

現状の体制におけるボトルネックはどこに
あるのか、システムなのかあるいは組織に
あるのか。よりよい成果を生み出すために
避けては通れない課題を見つけて改善する
と、コスト削減以上のメリットが見込める
でしょう。

こういった業務分析は実際の制作フェーズにお
いて、制作会社やコンサルタントといっしょに取
り組むことになります。発注側があらかじめ与件
として整理しておくことで、制作側がより精度の
高い提案を行なう手助けとなります。

図1 運営コスト

項目	内容	コスト
定期的な保守費用	サーバーのメンテナンス費用や緊急対応時に備えた一般的な保守費用	定期的(月次)
更新や制作にかかる費用	特設サイトを制作したり、更新を委託する際に、制作会社などの外部の協力会社に支払う費用	都度発生(特設サイト)定期的(月次)
インフラ費用	サーバー代金やCDN、ロードバランサなどのインフラ全般にかかる費用	定期的(月次)
ライセンス費用・サービス利用料	パッケージCMSのライセンス費用や、MAツールなどのサービス利用料、更新作業に必要なアプリケーションのサブスクライブ費用	年次(契約期間次第)定期的(月次)
人件費・業務委託費用	運用に専任の担当者がいる場合、制作会社の担当者や派遣社員などの人件費	定期的(月次)

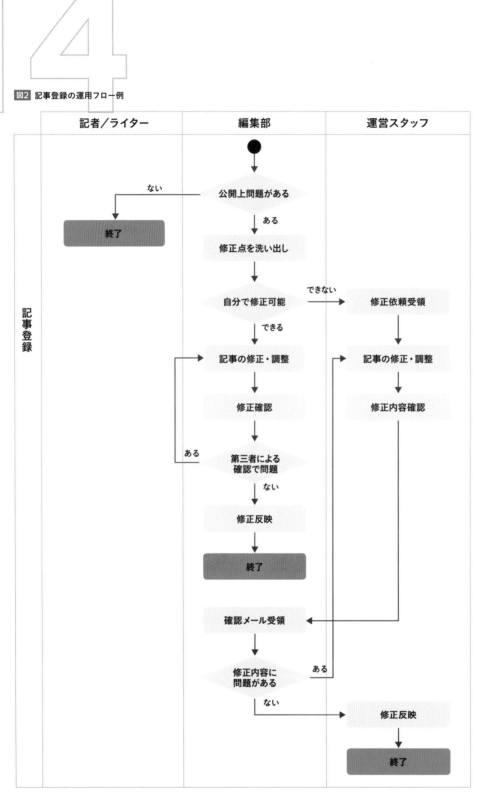

図2 記事登録の運用フロー例

運用のプロセスを詳細に把握することが、ボトルネックの解消につながる

ワークフローを「文章」で書き出してみる

文：滝川 洋平

——実務担当者にヒアリングをした業務や作業の内容を書き起こして、「ワークフローを文章で書いてみる」ことを試してみましょう。

「フワッとした部分」を可視化する

サイト運用時のワークフローを整理して、作業や通常業務が、どこの部署で、どのようなタイミングで発生しているかを類型化すると、運用改善に役立ちます。類型化したものを踏まえ、タスクの発生から完了までの流れを、CHAPTER1-14の 図2 のようなフローチャートを作成してみましょう（P54参照）。

こうしたフローチャートを作成すると、ワークフローの「フワッとした部分」、いわゆる「運用でカバー」とされている領域が、具体的に可視化されてきます。

目に見えなかった作業や業務が可視化されたら、それを検討材料にして、作業が重複していたり、フローが未定義だったり複雑になったりしている部分の効率化を図るとよいでしょう。

業務の検証が運用改善の第一歩

とはいえ、いきなりフローチャートを描くのは難しいため、自分の業務や作業を書き出したり、実務担当者にヒアリングした内容を書き起こしたりして、「ワークフローを文章にする」ことから試してみましょう 図1 。

こうして具体的にしていくと、例えば「Web用の加工とはどんな作業？」、「公開する時間とタイミングは？」というように、不明点を深掘りできます。また、複雑で煩雑だと思っていた作業を標準化できたり、簡単だと思っていた作業が担当者の資質に依存している属人化されたものであったなど、課題が視覚化されていくでしょう。

長い期間を経てブラックボックス化している業務を検証することは、今後の運用改善を考えるうえで欠かすことのできないプロセスです。リニューアルをよい機会にして、しっかりやっておくことをおすすめします。

図1 文章で書き出して具体的にしてみる

宣伝部からビジュアルとリリース文をもらって、キャンペーンサイトにリンクを張って公開する。

具体化

作業項目として粒度が荒すぎて、見えない作業が存在

・デザイナーが納品したキャンペーンビジュアルをWeb用に加工した状態で渡す。
・広報チェックを受けたリリース文を支給して、〇〇ブランドのニュース欄にて公開してもらう。
・その際、広告代理店がリリースするキャンペーンサイトにリンクを張ってもらう。

作業担当者

宣伝部

他社のサイトをリサーチしよう

自社のWebサイトを取り巻く競合サイトのリサーチも、重要な外部環境の分析です。競合サイトを分析し、自社サイトと比較して強みと弱みを洗い出してみましょう。

解説：滝川 洋平

検討フェーズ

他社サイトのリサーチで
見るべきポイント

競合となるWebサイトは、あなたが運営する自社サイトと共通する市場のターゲットを相手にビジネスをしています。競合サイトと差別化を図り、違う価値を提供することで、自社サイトを生活者に選んでもらわなければなりません。

他社サイトをリサーチする上で、見るべき大きなポイントは2つです。1つは、どのようなコンテンツを扱っているか。他社サイトのコンテンツを把握して、自社のコンテンツと比較しましょう。もう1つは、競合サイトの流入経路とアクセスボリューム。どういった経路でどの程度のアクセス

があるかをつかみ、自社の状況と比較してみてください。

デザインやUIなどの面でも、リニューアル後のサイトデザイン案を考える際に役立つでしょう。なぜなら、成立時期やリリース時期は違えども、同じ業界や隣接する業界のサイトには共通する構成やデザインなど、暗黙のデファクトスタンダード的なポイントが存在しているからです。

これらの共通点や、積極的に取り入れたい競合サイトの"見習うべき部分"、反対に失敗事例といえるような"避けるべきバッドノウハウ"などを整理してまとめておけば、リニューアル後のサイトの企画や設計に生かせるでしょう。

図1 Google キーワードプランナー

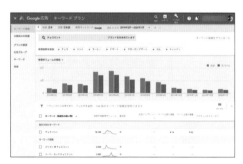

指定したキーワードに対して、類似するキーワードの組み合わせ候補を表示してくれる

キーワードごとに、検索ボリュームの合計とモバイルからの検索数を比較できる

コンテンツを比較・分析する

リサーチを行なう過程で、競合サイトがどのようなコンテンツと検索キーワードで集客しているかも分析しましょう 図1。自社に足りないコンテンツが明確になると同時に、リリース後の集客戦略を考える上でも役立ちます。

競合サイトを一般的なユーザーの視点で使ってみるとよいでしょう。競合サイトが用意しているコンテンツや、どのようなキャッチコピーや訴求ポイントでユーザーにアプローチしているかがわかります。コンテンツを比較・分析する際には、複数の比較ポイントを洗い出して、個人の価値観に左右されないよう社内のメンバーにも協力を仰ぎ、自社サイトにも取り入れられるアイデアを議論してみましょう。

SimilarWebを活用する

もう1つ重要なのは、競合サイトの数値面のリサーチです。しかし、あなたが競合の企業にアクセス状況を開示しないのと同じように、競合サイトも当然あなたにサイトのアクセス状況を教えてくれません。他社の状況を知るには、「SimilarWeb」などのマーケティングツールを使用してリサーチを行ないます。

SimilarWebとは、通常見ることのできない競合サイトのアクセス状況が把握できるツールです 図2。無料で使い始められるため、多くの現場で利用されています。SimilarWebで対象のURLを入力するだけで、トラフィックやアクセス状況をはじめ、流入元、検索ワード、ユーザーの興味・関心に類似サイトまで、ひと通りの情報を確認できます。

あくまで目安の数値として捉えるべきものですが、全体的な傾向をつかめるので、何も手がかりがない状態で競合分析することに比べたら、より実際に即したプランニングを行なう助けになるでしょう。競合がどこからトラフィックを集めているか、ソーシャルメディアの活用状況のようなファクトを集め、自社の状況と比較して仮説を立てると、どこに力点を置いて戦略を立てるべきかが浮かび上がってきます。

検索エンジンでどのようなキーワードが使われているかを把握できるのと同時に、競合の広告出稿状況もつかめるため、自社サイトの流入経路や集客戦略の見直しにも役立ちます。このように、SimilarWebはワンストップでさまざまなデータが参照できる便利なツールですが、ここで得られるデータはあくまで目安として捉えてください。検索ワードのような検証可能な情報については深堀りして、精度を高めることが欠かせません。

CHAPTER 1

図2 自社との比較

自社サイトのトラフィックやアクセス状況だけではなく、競合サイトと比較できる

外的要因や外部環境の変化を分析する

リリースから時間が経過しているサイトであれば、リリース当時と現在で、世の中や市場の状況は変わっています。サイトを取り巻く環境の変化を分析して、戦略を見直す際の立脚点にしましょう。

解説：滝川 洋平

検討フェーズ

フレームワークを活用して
仮説の精度を上げる

ここまで、アクセス解析やターゲットユーザーの具体化、他社サイトとの比較など、さまざまな視点から分析を行ないました。自社サイトが置かれている概況を再認識することで、サイトをリニューアルするにあたっての課題や目的が、次第にはっきりしてきたではないでしょうか。

次に取りかかるべきは、Webサイトをリリースした時点での戦略を振り返り、リリース時点と現在の市場の状況を分析・比較することです。また、競合サイトと自社サイトのポジショニング分析も行ないます。リニューアル時にサイト戦略を見直すにあたっては、これらの分析結果を立脚点にして戦略を立案しましょう。

これまで行なってきた分析の過程で、おぼろげながら見えてきた仮説を、マーケティングのフレームワークに乗せて考えてみると、より精度の高い仮説を導き出せます。ここでは代表的な4つのフ

図1 PEST分析

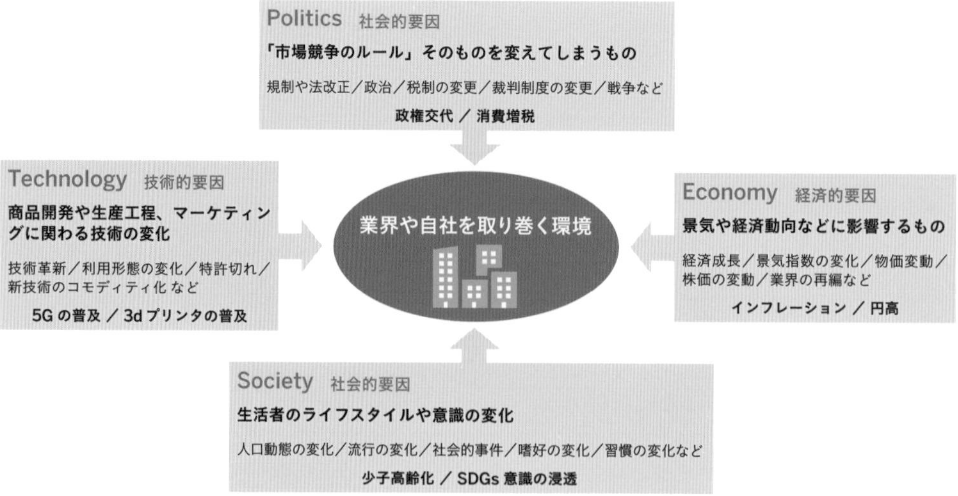

| Politics | 社会的要因 |
| 「市場競争のルール」そのものを変えてしまうもの |
| 規制や法改正／政治／税制の変更／裁判制度の変更／戦争など |
| 政権交代 ／ 消費増税 |

Technology　技術的要因
商品開発や生産工程、マーケティングに関わる技術の変化
技術革新／利用形態の変化／特許切れ／新技術のコモディティ化など
5Gの普及 ／ 3dプリンタの普及

業界や自社を取り巻く環境

Economy　経済的要因
景気や経済動向などに影響するもの
経済成長／景気指数の変化／物価変動／株価の変動／業界の再編など
インフレーション ／ 円高

Society　社会的要因
生活者のライフスタイルや意識の変化
人口動態の変化／流行の変化／社会的事件／嗜好の変化／習慣の変化など
少子高齢化 ／ SDGs意識の浸透

レームワークを紹介します。

PEST分析で外部環境を把握する

リニューアル対象のサイトがローンチされてから、どれくらい経ったでしょうか。少なくとも当時と比べてモバイル環境の重要性は高まり、メディアを取り巻く状況も様変わりしているはずです。同時に社会環境も変化しており、数年前ならば問題なかったサービスや表現も、今では炎上を招くリスクとなっている可能性もあります。

こういった外部環境を認識するためのフレームワークに、PEST分析があります。これは政治（Politics）、経済（Economy）、社会環境（Society）、テクノロジー（Technology）の4つの切り口から、世の中の時流について仮説を立てる手法です 。トレンド、そしてこれから起きる世の中の変化を洗い出し、自社にとってポジティブな要素かネガティブな要素かを整理して仮説を立てます。今後、5Gの開始でAR/VRなどの大容量コンテンツの隆盛が予想されるため、テクノロジーの変化は特に注視しておくとよいでしょう。

3C分析で市場における自社の状況を把握する

現在の環境における状況を把握する代表的なフレームワークに3C分析があります。3Cとは、Customer（市場・顧客）、Competitor（競合）、Company（自社）の頭文字を取ったものです。ビジネスを進める際、自社を取り巻く業界の環境、市場の関係性を整理して理解するために使用されます 図2。

3C分析を行なうと、市場や顧客のニーズの変化、競合他社が顧客の変化にどう対応しているのか、さらに自社が顧客や競合他社の状況を踏まえてどう対処していくのかを洗い出すことができます。分析の際、広い視野で事実のみを集めることを意識しましょう。また、自社の状況は顧客と競合他社との間で相対的に見い出されるため、自社ありきで分析を行なわないことが重要です。

STP分析で自社の立ち位置を把握する

STP分析とはSegmentation（市場細分化）、Targeting（狙う市場の決定）、Positioning（自

CHAPTER 1

図2 3C分析

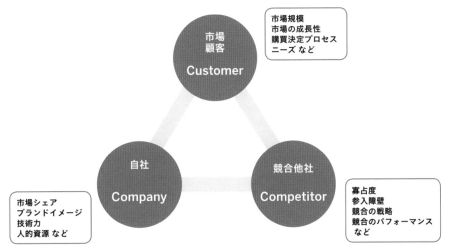

社の立ち位置の明確化）の、3つの観点から分析する手法です。市場を細分化して標的市場を決定し、細分化した市場の中でターゲットとなる顧客層を定め、さらに、その市場における自社の立ち位置を定義します 図3。

Web制作の現場では、Webサイトで扱う情報の独自性や差別化のポイントを明確にするときに役立つので、競合との差異、自社の強みを洗い出していくことを意識して取り組んでみましょう。

SWOT分析で戦略を立てる
手がかりを見つける

内部環境と外部環境の分析を進めたら、それら

を組み合わせて自社にとっての強み（Strength）と弱み（Weakness）、また機会（Opportunity）とリスク（Thread）を整理して、今後のWeb戦略を立てる手がかりを作りましょう 図4 図5。

フレームワークを使うメリットは、考えや「気づき」を言語化して共有できることです。チームやメンバー間の認識のズレ、解釈の取り違えを防げるようになり、プランニングの際にもコミュニケーションの円滑化を期待できます。積極的に活用しましょう。

図3 STP分析

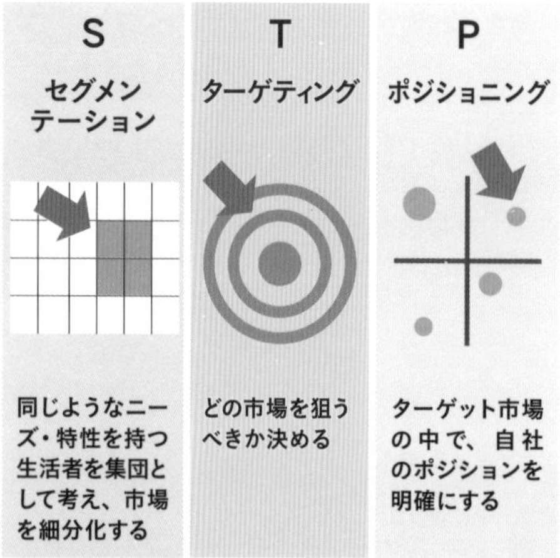

S セグメンテーション	T ターゲティング	P ポジショニング
同じようなニーズ・特性を持つ生活者を集団として考え、市場を細分化する	どの市場を狙うべきか決める	ターゲット市場の中で、自社のポジションを明確にする

図4 SWOT分析

Strength 活かせる強みとは？	Weakness 克服すべき弱みは？
特許がある／販売チャネルが広い など	新規開発が滞っている／生産ラインが古い など
Opportunity 市場での機会はあるか？	**Threat** 対処すべき脅威は？
販売チャネルの拡大／ネット通販拡大 など	特許切れが迫っている／外資の参入など

図5 クロス分析

強み×機会	強みによって機会を活かせるものは何か 例）ブランド認知度を生かし、ネット通販の取扱量を増やす
強み×リスク	強みによってリスクを回避するために取り組むべきものは何か 例）ブランド力を高め、特許切れ以降の類似品対策商材を開発する
弱み×機会	弱みによって機会を逃さないために取り組むべきものは何か 例）生産ラインの更新を行ない、需要の増加に備える
弱み×リスク	弱みとリスクによって避けなければならない事態を回避するために取り組むべきものは何か 例）新規開発を進め、新しい特許を取得する

INTRODUCTION

CHAPTER 1

‣ CHAPTER 2

CHAPTER 3

CHAPTER 4

準備フェーズ

準備フェーズでは発注側の担当者は社内の合意形成を図りつつ、要件定義書を作成します。ベンダー側と信頼関係を築けるかも、リニューアルの成否を左右するポイントです。

準備フェーズのフローとリスト

現在運用しているWebサイトの分析を行ない、課題の洗い出しが終わったら、実際にリニューアルを実施するための準備フェーズに入ります。

解説：滝川 洋平

準備フェーズ

制作側にバトンを渡す準備フェーズ

これまでのプロセスは発注側だけでも進めることができましたが、準備フェーズからは実制作を担う制作会社と協力してプロジェクトを進めていくことになります。この準備フェーズにおいて、発注側から制作側にバトンを託します。そのため、制作側は過不足なく要件や要望をまとめ、社内の合意を得る必要があります。

つまり、発注側が能動的にプロジェクトをコントロールできるのがここまでで、ここから先のプロセスでは、発注側がまとめた要望や要件を起点にして企画を行ない、制作側が進めていくということです。

準備段階で発注側と制作側のコミュニケーションがうまくいっていないと、「せっかくリニューアルしたのに」、「こんなはずではなかった」といった事態に陥る可能性が高まります。それぞれの課題に対して認識の齟齬を生じさせないためにも、確実に進めていくようにしましょう。

発注側の作業フロー

発注側が担当する作業プロセスは、次のように分類できます。

- RFP（提案依頼書）を作成する
- 社内合意を得る
- 協力会社の選定を行なう

図1 発注側のフロー図

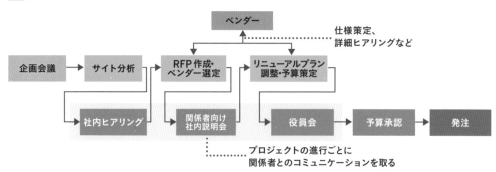

これらは主に社内に向けた業務です。ここで発注元が意識すべきポイントは、実際にプロジェクトが動き出した際に、発注側の社内事情でプロジェクトの円滑な進行を妨げないように社内調整を行なうことです。RFPの作成と協力会社の選定が、発注元が能動的に携わることができる範囲です。正式に契約を締結して発注したら、以降は協力会社、つまり制作会社にバトンを渡し、リリースまでいっしょに走っていくことになります 図1 。

制作会社のフロー

制作側が担当する主な作業プロセスは 図2 の通りです。見積りやスケジュールなど、プロジェクトの合意形成に関わるタスクを担当します。ここで意識すべきポイントは、発注元から要求された要件に対してのビジョンを提示し、それぞれの項目について合意を得ることです。

解釈の相違を防ぐ

発注側の提案依頼書をもとに、複数社の相見積りや競合プレゼンを経てプロジェクトが進行する場合は注意が必要です。RFPの時点で要件の精度が粗かったり、ヒアリングの機会が不十分だったりするために、発注側の与件に対して解釈の相違があるまま企画が進行し、本来顧客が必要だったものに見合わない成果物が完成してしまうことが往々にして起こります。

こうした双方ともに不幸せな事態を防ぐには、制作会社のフローにおける各マイルストーンにおいて、発注側・制作会社間で適切に確認を行ないながら、かつ発注側で関係者の合意形成を確実に行なうことが欠かせません。

身も蓋もない言い方をすれば、要件をまとめたあとの発注側の担当者の主なタスクは、社内政治に流されないように調整してかじ取りをすることです。制作会社にバトンが渡っても、プロジェクトの主体、つまりプロダクトオーナーはあくまで発注側の担当であるあなたです。

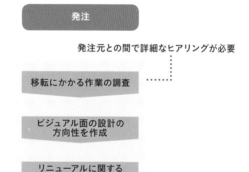

図2 制作側のフロー図

制作チームの編成

予算の見積りなど、提案関連する部分

タスクの洗い出しと構造化

スケジュールの作成

インフラ環境を設計する

リニューアル後の
サイトの情報設計

発注

発注元との間で詳細なヒアリングが必要

移転にかかる作業の調査

ビジュアル面の設計の
方向性を作成

リニューアルに関する
ドキュメントの作成

リニューアルに関する
ドキュメントの作成

CHAPTER 2

発注元の社内での合意形成

社内の合意形成は、身内によるプロジェクトの進行妨害を防ぐためにも欠かせない手続きです。基本的な考え方を知り、あなたの所属する組織を思い浮かべながら対策を考えてみましょう。

解説：滝川 洋平

準備フェーズ

承認フロー以外にも目を向ける

リニューアルするにあたり予算の決裁や体制の承認など、マネジメント層の決裁ルートに気を取られてしまうと、現場からの反発によって企画がひっくり返されたり、進行が滞ったりすることがあります。そのため、ていねいに現場の理解を得ることが重要になってきます 図1。

リニューアルによって業務内容が変化したり、使い方に慣れるまで一時的にタスクが増加したり

するといったように、関係者に負担をかける可能性がある場合は拒否反応が起きやすいといえるでしょう。そこで、現在の業務フローを担当者から直接ヒアリングし、関連する経理や流通などの部門と合わせて把握して、勝手に進めているという印象を持たれないように進めましょう。このとき、現状の業務フローについての不満点をヒアリングできれば、実際に提供できるかどうかはさておき、要望を聞いてもらえたという認識を持ってもらえるのでおすすめです。

図1 社内での合意形成をていねいに行なう

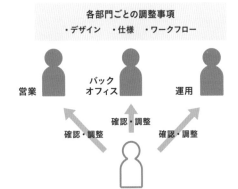

個別に行なう確認と調整

各部門ごとの調整事項
・デザイン　・仕様　・ワークフロー

個別に確認と調整を行なう機会を設け、疑問や反論を解決しておく

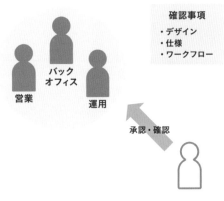

説明会や会議などの全体的な意思決定の場

確認事項
・デザイン
・仕様
・ワークフロー

承認や確認等に注力し、意思決定の場では議論を行なわない

長期的なロードマップを提示する

スケジュールの都合でリリースタイミングでは対応できなかった部分や今後の予算次第で対応の可否が決まる部分がある場合は、リリース後に関係者が失望しないためにも、あらかじめ対応範囲と長期的なロードマップを提示しておきましょう 図2 。大規模なプロジェクトでは、2次開発や3次開発というようにリリースを細かく分けて対応するケースが少なくありません。「リニューアルしても結局変わっていない」という声が出ないよう、先んじてアナウンスすることで、優先順位をコントロールすることが大切です。

説明は能動的に行ない、ログに残す

社内の合意を得る上で重要なポイントとして、仕様や要件が決定に至った経緯をロジカルに説明できるようにしておくことが挙げられます。そのためにはログを残しておくことが必要不可欠です。

社内ヒアリングを実施していくにあたり、最初から積極的に関わってくれる関係者は少ないのが現実です。現場の関係者は通常業務の合間を縫ってヒアリングに応じているため、ミーティングの優先度は低くなってしまいます。そのため、アンケートなどを依頼してもなかなか返事が返ってこなかったり、ミーティングの調整ができなかったりすることがあります。

しかし、ここでヒアリングや合意形成が後手に回ってしまうと、十分な合意を得られないうちにうやむやな状態で仕様や要件を決めざるを得ない状況に陥ることも少なくありません。そのため、しつこいと思われるくらいに、能動的に話す機会を設定していく姿勢で臨みましょう。

また、ミーティングにおいても必ず議事録を作成して、議論した内容を共有し、合意に至った経緯を逐一ログに残しておくことも大切です。

本質的な改善をするために予算とリソースを割いて取り組むプロジェクトがWebサイトのリニューアルです。不要な議論に時間を取られてしまった結果、本質的な問題に手を入れられなければ、それこそリニューアル失敗です。だからこそ、こまめに情報を吸い上げる機会を作り、適切な粒度でプロジェクトの情報を関係者に伝えて続けることが合意形成には欠かせないのです。

CHAPTER 2

図2 ロードマップを長期的に示す

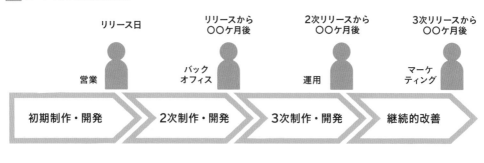

スケジュールや予算からこぼれた項目に優先順位をつけ、実現は確約せずとも将来的な見通しを事前に提示しておくことで、「要望が無視された」という印象を与えないようにする

RFPを作成して要件を整理する

これまでのプロセスで行なってきた現状分析によって洗い出された課題を、リニューアルに際して解決するべき要件としてまとめたドキュメントを作成します。

解説：滝川 洋平

準備フェーズ

RFPを作成してイメージを言語化する

プロジェクトの担当者であれば、ここまでの過程で現状どのような課題があり、それらを解決するためにどのようなサイトを作ればよいのイメージを、おぼろげながらつかんでいるのではないでしょうか。しかしながら、社内の関係者や制作会社にそれらのイメージを、認識の食い違いなく伝えることは困難です。

そこでプロジェクトの担当者は、RFP（Request for Proposal）と呼ばれる自社に合った「最適な提案」をもらうために、発注する側の要件を正しく、かつわかりやすく伝えるためのドキュメントを作成してイメージを言語化します。ブレがない基準を作ってコミュニケーションミスを防ぎ、プロジェクトを進めていきましょう。

RFPはなぜ作成するのか

RFPとは、システムの導入や何らかの業務を委託する際に、ベンダー企業に対して「〇〇をしたいので、そのために最適な提案をください」と依頼するためのドキュメントのことです。日本語では「提案依頼書」と呼ばれています。RFPを作成する主なメリットは、次の5つです。

① ベンダー企業の提案レベルの向上・選定期間の短縮

要件をあらかじめ明確にすると、要件に沿った提案がもらえるようになります。逆に要件が不明確だとベンダー企業側も何を求められているのかわからず、こちらが期待しているものとまったく異なる提案がなされることも少なくありません。

また、ベンダー企業に対して十分なヒアリングの時間を用意できない場合でも、必要な要件を事前に資料としてまとめておけば、選定にかかる期間を短縮することができます。ただ、ヒアリングが不要になるわけではないため、可能な限りていねいなヒアリングが行なえるよう調整しましょう。

② ベンダー企業各社の提案の評価が容易に

RFPに沿って提案をもらうことで、ベンダー企業各社から提示された提案を同一の基準で評価しやすくなります 図1 。RFPがないと、打ち合わせの状況によって提示する要件にばらつきが生じます。当然、各社ばらばらな提案が提示されてしまうため評価が難しくなります。

③ 発注先とのトラブル発生率を下げられる

Webサイトの構築のような案件では、あいまいな要求や発注、口約束などが原因で「最初に言っていたことと違う」といった、出発点での認識の齟齬によるトラブルが生じがちです。それによってスケジュール遅延が発生したり、品質や支払い関係などで企業間のトラブルに発展してしまったりするケースも少なくありません。RFPを作成しておけば、こうしたトラブルも最小限に抑えられるでしょう。

④ リニューアルの目的や要件を
明確にできる

リニューアルの「目的」「ゴール」「要件」を明確にしないまま進めることは、失敗が約束されたプロジェクトに想定以上のコストをかけて進めることにほかなりません。発注元がなぜリニューアルしたいのか、それによって何を成し遂げたいのかという「理由」は、ベンダー企業が企画を立てる上で重要な指針です。

サイトリニューアルの「目的」「ゴール」「要件」を明確にすることが、プロジェクトを成功させるための基本なので、ていねいに取り組みましょう。

⑤ 経営層や社内の関係部門の
合意を得やすくなる

Webサイトリニューアルには少なくない費用がかかるため、経営層は「投資するだけの価値があるか」という費用対効果に注目します。一方でリニューアルの影響を受ける現場部門は、リニューアルによって業務が改善されるのか、はたまた煩雑になり生産性が下がるのかというオペレーションの変化に注目します。

RFPを作成すると、今ある状況（As-Is）から、あるべき未来（To-Be）を具体化でき、リニューアルの全体像が明確化されるため、経営層や関係部門の合意を得やすくなります。

CHAPTER 2

図1 RFPに沿った提案の評価例

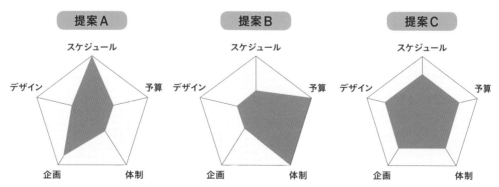

各社の提案を同じ基準で評価しやすくなる

RFPの作成にあたって

　それでは実際にRFPを作成してみましょう。作成する上で意識してほしいポイントは、「具体的に、何を依頼したいのか」を言語化することです。以下に列記する項目を、認識している課題と照らし合わせて書き出しましょう。最初のうちは上手くまとめられなくて当然です。提示した際に質問があった項目をブラッシュアップしていけば、次第に精度は向上するので、まずは項目を埋めるところから始めてみましょう。

CMSはカスタマイズか、スクラッチか

　リニューアルにあたって、新たにCMSの導入を考えているなら、その旨を明記しておきましょう。要望なしに、発注元が要件に合致したCMSを選定することは困難です。そのためにも、あらかじめRFPでCMS導入の意思を伝え、どのような運用フローを想定しているかをまとめておくこ

とで、要望に合った提案がもらえるようになります。同時に、指定するCMSやツールがある場合、その旨を明記しておくと、相手方はそれらの使用を前提とした企画が作れるため、精度の高い提案が期待できます。

全体像

　全体像に関する主な項目は、 図2 に示す通りです。それぞれ、項目を埋めてみましょう。

制作与件

　制作与件に関する主な項目は、 図3 に示す通りです。

提案依頼内容

　提案依頼内容に関する主な項目は次の通りです。

- プロジェクトスケジュール
- プロジェクト体制図

図2 全体像に関わる主な項目

項目名	内容
プロジェクト名	プロジェクトの名称(例:○○社 Webサイトリニューアルプロジェクト)
リニューアルの目的とゴール	なぜサイトリニューアルを行なうに至ったか、その理由と定量的なゴールイメージ
現状のWebサイトの状況	アクセス状況をはじめ、検索エンジンの対応状況(検索ランキング)など
自社の強み、競合他社におけるポジション	自社、製品の強みや市場におけるポジションの分析結果
現状の運用フロー	どのように運用しているのか、運用スタッフの状況および承認フローや外部委託業者の有無と業務内容、運用にかかる費用など
現状認識している課題	分析から得られた課題
予算	想定している予算レンジ
スケジュール	公開希望日。春ごろとか、年内という未確定な状況を提示するよりも、できるだけ具体的に
短期および長期の事業計画の変化予想	新規事業や、業界の状況の短観など、企画立案の助けになるものを

- サイトマップ
- サイトデザイン例（トップページと詳細ページなどのラフデザイン）
- システム機能の要件
- 運用、保守関連についての提案
- 概算見積り（予算レンジが把握できるもの）

契約関連

契約に関する主な項目は次の通りです。

- 提案書の取り扱い
- NDA（秘密保持契約）
- その他留意事項

RFP作成のポイント

RFPを作成する際は、評価のポイントをどこに求めているかを軸に考えるようにしましょう。単に要求を満たす企画を作ること自体は、さほど難しいことではありません。しかし、要求を満たしている企画が、必ずしも課題を解決するものとは限りません。見栄えする飛び道具のような提案に惑わされないためにも、評価するポイントは明確にしておきましょう。

RFPのサンプルはIPA（情報処理推進機構）のサイトにも掲載されており、ほかにもWebで検索すればダウンロードして使えるテンプレートが数多く見つかります。自社の状況に合致したテンプレートを探し、項目を埋めてみるところから始めてみるのもよいでしょう。

制作会社の選定や、既存の制作会社から変更する際のポイントは引き続き次節で解説します。

図3 制作与件に関わる主な項目

項目名	内容
制作範囲	スマートフォン、PCなど。特殊な環境がある場合は記述しておく
利用中のサーバー情報	利用しているサーバー会社、サーバースペックなど。構成なども
画像などの素材提供の有無	ロゴや製品画像の有無、そのほかに制作にあたり必要な素材の支給の有無
解析、広告のタグの有無	Google Analyticsなどの解析系の埋め込みタグの有無や、広告の掲載および測定に使用しているタグの有無、ならびにベンダーの情報
導入プラグイン、ライブラリの有無	現状のサイトで利用しているJSライブラリやフレームワークの有無、ならびに名称
使用している、または使用したいCMS/MA	現状のサイトで使用しているCMSやMAツールの有無と名称（バージョンも）、リニューアルにあたって利用したいCMSやMAツールがあればその名称
制作における課題点	制作を行なう際に、あらかじめ認識している特記事項など（例：デザイン会社が別、パッケージ導入支援企業の発注が必須など）
納品方法	データ納品か、公開をもって納品とするか
提案の提出先・期限	発注元企業の担当者名、連絡先などを記述する
短期および長期の事業計画の変化予想	新規事業や、業界の状況の短観など、企画立案の助けになるものを

制作会社の変更と
ベンダー選定の方法

リニューアルに際して、発注先の選定はプロジェクトの成否を左右する問題です。ここでは制作を依頼する会社の選び方や、制作会社を変更する際に注意するポイントを解説します。

解説：滝川 洋平

準備フェーズ

制作会社を変更するケース

リニューアル前から保守や運用を委託している会社に引き続き依頼するのであれば、そのまま分析フェーズからいっしょに取り組み、スムーズに要件を固められます。

しかし、リニューアル後のサイトの方向性が明確になり、目指すべき方向性が見えてきたことで、現状依頼している制作会社の特性やスキルがニーズに合致しなくなる場合もあります。そういった場合も含め、制作を依頼する会社の選び方や、制作会社を変更するときに気をつけたい点を知っておきましょう。

制作会社を選ぶ方法

RFPをベースに提案をもらって制作会社を選定するとはいえ、どこに提案を依頼し、どのような基準で発注先を決めればよいのでしょうか。

広告代理店やコンサルティング会社に依頼している場合は、ニーズに合った会社を提示してくれ

図1 依頼する会社のリストアップ

実績
会社見学
問い合わせ
口コミ

どこに相談したらいいのだろうか？

ここに話を聞いてみよう！

るものですが、そうではない場合は次のような形にならざるを得ません。

- 制作会社を検索し、事例を確認して問い合わせる
- 制作会社年鑑を見て、会社が得意とする方向性を確認して問い合わせる
- 広告・マーケティング系の専門誌などに掲載されている事例集を見て問い合わせる
- 知り合いや使いたいパッケージのベンダーから紹介してもらう

しかし、制作会社年鑑や広告系の雑誌に掲載されているような会社は都市部に集中しています。地方の企業の場合は検索して探すか、口コミで探すのが現実的です。Webサイトの発注は安い買い物ではありません。

問い合わせる制作会社の絞り込み

実際に制作会社に問い合わせる前に、次に示すいくつかのチェックポイントを調べ、問い合わせる会社をリストアップしましょう 図1 図2 。

会社の規模

制作するサイトの規模によって、適切な制作会社は変化します。発注したいプロジェクトの規模が大きく、ページ数も多いのであればある程度の規模の制作会社に依頼したほうがよいでしょう。一方、プロジェクトの規模がそこまで大きくない場合は、小規模の会社に依頼したほうがスピード感とコスト感覚の面でフィットする可能性が高いといえます。

得意分野

制作会社の強み（得意分野）が依頼したいプロジェクトの内容に合致しているかを確認します。開発力を重視するのか、デザイン力を重視するのか。あるいは運用における対応を重視するのか。キャンペーンサイトが得意な会社に24時間365日の対応を期待したり、デザインが得意な会社にシステム開発が必要なプロジェクトを依頼したりしてしまうと、対応することは可能でも、長期的にはミスマッチとなってしまいます。実績と企業案内を確認して、その会社の強みを捉えましょう。

CHAPTER 2

図2 各社の長所や短所を比較する

株式会社○○		株式会社△△		株式会社■■	
会社規模	★☆☆	会社規模	★★★	会社規模	★★☆
デザイン力	★★★	デザイン力	★☆☆	デザイン力	★★☆
開発力	★☆☆	開発力	★★☆	開発力	★★☆
企画力	★★☆	企画力	★☆☆	企画力	★★☆
スピード	★★★	スピード	★☆☆	スピード	★★☆
予算感	★☆☆	予算感	★★★	予算感	★★☆
特記事項	小規模だが、デザインのスキルとスピードは確か。開発が必要な案件では再委託が必要	特記事項	大企業で、サポートには定評あり。コストが高いため、大規模案件ならよし	特記事項	ワンストップで対応可能な中規模の制作会社。総合的な提案が期待できる

制作実績

依頼したいプロジェクトと似たような案件を受注しているかどうかを確認します。CMSシステム構築やフルスクラッチの開発などの技術面での実績や、コーポレートサイトの構築経験などを確認して選定しましょう。

制作実績にクライアントの社名や担当領域などが具体的に記載されていると信頼性が増しますし、実際にはプロジェクトの一部分しか関わっていなかったという"アレオレ詐欺"を防ぐ意味でも安心できます。

ここで示した基準でリストアップすれば、まったく検討外れの会社を選定してしまう可能性は低くなります。

これらのチェックポイントをもとにリストアップする際に、制作会社のサイトに明記されていない情報があれば直接問い合わせてもよいでしょう。

RFPを渡して
提案を依頼する会社を選定する

実績や口コミなどで依頼先のリストアップを行なったら、提案を依頼する会社を3社程度に絞り込みます。そして、絞り込んだ各社に問い合わせて、簡単なヒアリングを受けてみましょう。

ヒアリングの際、その会社の制作部門と営業部門のバランスを見たり、問い合わせに対して実際にプロジェクトを担当しているスタッフが答えているかなどを確認します。

予算やスケジュールについて明確な回答が得られるかを確認して、提案を依頼する会社を選定します。また、ヒアリングを受ける際は、可能な限り発注側が出向くことをおすすめします。なぜなら、実際にプロジェクトを担当するスタッフのスケジュールが合わないと営業の判断になってしま

い、制作現場の肌感覚とかけ離れた回答が返ってくる恐れがあるためです。

制作会社に提案をもらう際に

提案依頼のコンペを実施するなら、発注側の意識として、「提案はタダ」という認識は改めたほうがよいでしょう。

営業活動の一環とはいえ、制作会社が提案を作成する際はエンジニアやデザイナーの工数が発生しています。そのまま受注すれば、そのコストは回収できますが、受注にいたらなければ見積りやデザインサンプルの作成にかかる人件費は回収できません。よって、コンペの競合が多い場合や、提案までのスケジュールがタイトな場合、辞退されてしまうこともあり得ます。

よほど発注元に魅力がない限り、コンペで断った制作会社には二度と相談に乗ってもらえないというリスクもあります。

そのため、時間を割いて提案に取り組んでくれるすべての制作会社に対して、共に課題解決に取り組むパートナーという敬意を払うことが、信頼関係を構築するためにも大切です。コンペフィーなど、提案にかかる予算を別途用意して、提案依頼の段階から制作会社との信頼関係を構築していく姿勢が欠かせません。

制作会社を変更するには

以前から依頼している制作会社と、リニューアル後のサイトの方向性が合致しないだけなら、まだいいのですが、受発注の関係において、信頼関係が破綻してしまっている悲しいケースも少なくありません。円満である場合もそうでない場合も、制作会社を変更する際に留意すべきポイントがあるため、まずはよくあるケースを紹介します。

得意分野の問題

デザインやビジュアル面に強みを持つ制作会社の場合、その会社だけではシステム面までカバーできないことがあります。また、開発が可能な会社でも、基幹システムのつなぎこみや開発ライセンスなどの関係で対応が難しいケースもあるので、与件として含め、あらかじめ確認しておきましょう。

パッケージの問題

CMSやMAツールを導入するにあたって、パッケージベンダーが認定している会社を使用しなければならない場合があります。またベンダーが指定する会社を導入支援業者として契約することが必須なケースもあるので、利用したいパッケージがあるなら、事前にパッケージベンダーに確認しておくことをおすすめします。

信頼関係の問題

不幸なことではありますが、受発注の間で信頼関係が破綻してしまっている場合も珍しくありません。成果物のクオリティが低かったり、対応が遅かったりという不満を抱いている場合は、リニューアルを機に変更してもよいでしょう。ただし、信頼関係が破綻しているとはいえ、契約は円満に解消するよう心がけましょう。

会社の方針の問題

会社が合併したり、買収されたりした際に、グループの方針で指定業者への発注が規定されていることがあります。

制作会社の変更の際に確認するポイント

Webサイトのリニューアルでは、すでに稼働中のサイトがあるため、リニューアル後に既存のデータを使用するかどうかにかかわらず、現状のサーバーにあるコンテンツや利用しているドメインなどを移管する必要があります。そのため制作会社の変更に際して、確認しておくべきポイントを解説します。

現サイトの著作権、契約状況

現状のサイトの著作権を明確にし、コンテンツのデータの所有権がどこに帰属するかを確認します。

自社のWebサイトなので基本的には所有権は自社にありますが、契約の状況によってケースバイケースです。例えば、既存サイトで利用しているCMSが制作会社が独自開発したものだった場合、切り換えのタイミングで新しい制作会社と契約し、旧サイトを新サーバーに移管したくても移管自体ができないこともあり得ます。また、プラグインが現状の制作会社が開発したものだったために、リニューアル後に同様の機能を使いたくても使えなかったなども、よく耳にする話です。

仕様面での見積りや、リニューアル時にサイトを切り換えるタイミングのスケジュール設定にも関わるため、著作権および所有権の帰属についてはなるべく早めに確認しておきましょう。

サーバーの契約情報、接続情報

現在利用しているサーバーの情報は、リニューアル後のサーバー構成を見積もる上でも欠かせない情報です。構成や契約期間、または契約者が自社なのか制作会社なのかによって、対応が変わります。こちらも与件として提示できるタイミングで明確にしておくことをおすすめします。同時にサーバーやデータベースの接続情報も確認しておきましょう。

ドメインやDNSの契約情報

現在使用しているドメインの契約、管理状態の確認も欠かせません。ドメインの所有権が自社に

CHAPTER 2

あるのか、レジストラはどの業者なのかを確認し、発注元がコントロールできる状態にしておきます。

ドメインについてはWebサイトだけでなく、会社のメールアドレスにも影響を及ぼす可能性があります。所有権が自社にない場合は、気づいた時点で移管の手続きを行ない、発注元の契約のもとで、制作会社に管理を移管する体制にしましょう。

制作会社の変更に際して、確認しておくべき主な事項を 図3 にまとめました。いずれにせよ制作

会社を変更する場合は、よほどのことがない限り従来の発注先の協力が必要なので、適切なコミュニケーションを取り、仁義を通すよう心がけましょう。特に開発が必要な案件では、リニューアルを行なう制作会社と従来の制作会社とのコミュニケーションに問題が発生しないよう、発注元がイニシアチブを取り、礼を尽くすことが欠かせません。制作中はもとより、リニューアルサイトのリリース後でも、残務対応で作業を依頼することはよくあります。

図3 コンテンツやデータを移管するための主な確認事項

項目		内容
サーバー関連	契約情報	サーバーの契約主体の確認、もしくは契約者の変更が可能かを確認する
	構成	現行のサーバーの構成の確認
	接続情報	サーバーにアクセスするためのIDやPWなどの接続情報。秘密鍵なども確認する
	SSL証明書関連	SSL認証局の確認、および契約主体の確認。同時に契約変更の可否も確認する
ドメイン関連	契約情報	ドメインの契約者の確認と、レジストラの管理権限の確認。レジストラ管理画面の接続情報も併せて確認する
	DNS設定	サーバー会社のDNS設定意外を使用している場合、ドメイン移管後にサーバーが見られなくなる場合もあるので念のため確認する
著作権関連	サイトの著作権	サイトの著作権自体が発注元にあるか、契約書を確認する。格安制作サービスなどでは、著作権はベンダー側にあるケースもあるため注意する
	コンテンツの著作権	記事や写真などのコンテンツの所有権が自社にあることを確認する。同時に第三者の権利を侵害していないかも確認する
	サイトデータの委譲の可否	現行サイトのHTMLやCSSをはじめとするサイトデータの提供が可能かを確認する
	サイトデータの再利用の可否	現行のサイトデータをリニューアル後にも使用可能か確認する
システム関連	独自開発プログラムの有無	現状サイトのベンダーが開発した機能の有無を確認する。CMSをはじめ、プラグインやアドオン機能など
	独自開発部分の再利用の可否	独自開発機能をリニューアル後にも使用可能か確認する
	CMSテーマの著作権	CMSのテーマが、ベンダー独自制作のテンプレートの場合もあるので注意する

ベンダーを変えるならリスクも考慮する

文：岸 正也（有限会社アルファサラボ）

――「今と同じベンダーに、このまま任せていいのだろうか…」。リニューアルを検討する段階で、多くのWeb担当者の方が考えるテーマではないでしょうか。

今のベンダーに不満があるとき

現場のWeb担当者の方であれば、現在お願いしているベンダーに、次のような不満を抱くことはありませんか。

・提案をお願いしても、なかなか出てこない
・新しい技術やデザインが実現可能なのか
・ゼロベースで仕切り直したい

こうした疑問や要望はまちがったものではありません。ただ、リニューアルにあたっては、いきなり新しいベンダーに飛びつかず、一度立ち止まって慎重に考えてみてください。

サイトが運用フェーズに入ると、発注側・ベンダーの双方にとって、保守・運用を正確に行なうことがミッションになります。

多くの場合、ベンダー側ではそのミッションに適した人材をアサインするため、新しい提案を彼らに求めてもリスクでしかありません。

視点を変えてみると、提案がなかなか出てこないのは当たり前といえます。

ベンダーを変えるならリスクも考慮する

まずは、リニューアルの希望を現在お願いしているベンダーにぶつけてみましょう。ゼロから刷新したいという気持ちを伝えることは、決して失礼ではありません。「Webサイトの保守・運用の実績を踏まえて御社に相談」という流れにするのがよいでしょう。

その上で「リニューアルのRFPに沿った提案がなかなか出てこない」、「理由をつけて反対する（現状をよしとする）」といったときには、ベンダーの変更もやむを得ません。

新しい考えを受け入れない会社やディレクターといっしょに仕事をするのは、発注側のストレスと負担が増えるためおすすめできません。

ただし、ベンダーを変えれば、すべてうまくいくとは限りません。これまでのところと比較して、新しいベンダーがトータルの能力で劣るケースは往々にしてあります。新しいベンダーに「企画・設計だけお願いする」手もありますが、実装を担うベンダーが「新しい企画・設計の理念」を理解しにくくなるため、意図通りにならないことも日常茶飯事です 図1 。

現在のベンダーに不満があれば変更も視野に入れるべきですが、当然このようなリスクが想定されます。ぜひ慎重に進めてください。

図1 ベンダーを変更するリスク

新しいベンダー、デザインはいいけど、運用は間違いだらけ…。外に出してはいけないコンテンツが公開されているし！

気まずいけど、前のところに連絡してみよう…。

Web担当者

いきなりすべてのフェーズで変更すると、こうした事態に陥りがち

発注元の役割とタスク

発注元はベンダーを選定して発注するところまでが、「能動的にプロジェクトに関与できる範囲」です。
その後は、ベンダーが円滑に制作を進められるように、適切な支援を行なうことが求められます。

解説：滝川 洋平

準備フェーズ

プロジェクトのかじ取りをする

実制作にあたって仕様やデザインの確認など、要所要所で発注元の確認や承認が必要となるポイントが発生します。その際に全体の進行を止めないよう、心がけなければなりません。

作業の主体がベンダーに移った後の、発注側の主なタスクは、「確認」と「承認」です。よくある失敗の原因として、発注後に発注者が当事者意識を失ってしまうということがあります。それによって、ベンダーからの確認事項を十分に確認せず通してしまったり、逆に放置してしまって時間を浪費することで、後続のタスクが遅延したりする炎上事例はいくつも存在します。

このような事態を防ぐためにも、発注側はプロジェクトのかじ取りを主体的に行なっていきましょう。仕様確認などで理解ができない部分があるときは、わかったふりをせずに、どういう意味なのか納得するまで質問して確認する姿勢も欠かせません。納品されてから、「思っていたものと違う」という状況にならないように、わからないことをわからないままにしないことが大切なのです。

制作に必要な素材や情報を
整理して提供する

制作にあたって必要なテキストや画像素材など

の支給も、発注元の重要なタスクです。

ロゴのデータやキービジュアルなどの画像データは、外部提供用にあらかじめ社内の宣伝部門や広報部門がまとめていることも多いため、提供しやすいでしょう。一方でテキスト原稿など、他部署からの提供や確認が必要な素材の手配は、想定以上に時間がかかることが多いものです。

テキスト素材は後送となるケースもよくあります。しかし、ベンダー側の作業が二度手間になったり、反映漏れや確認漏れを引き起こす原因になったりします。素材や原稿の提供を求められた際に、速やかに提供できるよう、準備と整理を行ないましょう 図1。また、素材や原稿以外にも、サーバーなどのインフラ情報などの提供も制作には欠かせません。

発注元がスケジュールを遅延させてしまわないように心がけましょう。

契約面の手続きを行なう

ベンダーとの各種契約の締結や、インフラ関連企業との契約、発注書の作成など、支払い面での確認や調整も発注元のタスクです。特に契約に関しては、現実的に考えて、契約を正式に締結して

からプロジェクトが走り出すというケースは少ないのではないでしょうか。提案の段階で、まずは秘密保持契約を先行で締結しつつも、各種基本契約についてはすでに作業が発生している中で、後日締結をする流れにならざるを得ない現場が多いと思われます（次ページ 図3 ）。

仕様や支払い時期、検収についての契約などは両者協議の上、合意できれば問題ないのですが、著作権や遅延損害金などの権利関係、契約形態に関しては発注前に確認しておく必要があります。契約関連について発注側にドキュメントが存在しない場合は、ベンダーに問い合わせて、契約書のひな型をもらい、法務や顧問弁護士に確認するようにしましょう。

また、インフラ関連の契約や支払いに関しても契約主体や支払い方法などをあらかじめ確認しておくことが大切です。ベンダー経由での契約のほうがディスカウントしてもらえることもあるので、メリットとデメリットを確認し、適した形態で契約を取り交わすことをおすすめします。

契約関連は、トラブルが発生してから慌てて対応しても手遅れです。発注側もベンダー側も万が一のことを想定し、お互いに納得できる契約を結びましょう。

社内調整を継続する

ここまで解説した通り、発注側が行なうべきタスクは数多くありますが、どれも制作を円滑に進めるために遂行する業務です。

その中で発注元が特に意識して行なうべきは、確認の過程で社内関係者から仕様変更になるような意見が出ないように、確実に調整を図ることではないでしょうか。専門外のことなのに、なぜか自分の感性が優れていると自己認識している関係者に心当たりはありませんか？そういった外圧からうまく防波堤になることが、発注元の担当者には求められます。特にデザインの部分などでちゃぶ台返しが起きて、現場が混乱する様子はWebに限らず、いたるところで発生しています。

CHAPTER 2

図1 素材や原稿は事前に準備・整理しておく

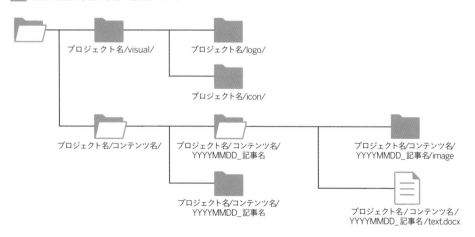

図2 秘密保持契約の一般的な内容

項目	内容
契約当事者の特定	秘密保持契約が誰と誰の間での契約なのかを特定する
目的	「どの契約」に関する秘密保持契約であるかを明確にし、目的外利用を禁止するために書NDAを交わす目的を定める
「秘密情報」の定義	どのような情報を秘密情報に含め、どのような情報を秘密情報から除外すべきかを定義する
秘密情報の例外	あらゆる情報を秘密情報とするとベンダーの負担が重すぎる場合もあるため例外的に、秘密情報から除外される情報を定める
目的外使用の禁止	相手が秘密情報を悪用して、自社サービスに流用しないように、目的と合わせて定めておく
複製（コピー）について	開示した秘密情報が含まれている各種資料について、受領者による複製等（コピーなど）を認める、認めないかを明示しておく
秘密保持義務	秘密情報を受け取った側が、「どういった内容の義務を負うのか」を明示する
秘密情報等の返還・廃棄	秘密保持契約の有効期間が終了した際や、開示した秘密情報の返還を求めた場合に、当該資料について返還もしくは廃棄するかを定めておく
義務がないこと	NDAを交わしたとしても、以後の取引を開始する義務はないなど、義務化されたら困ることを明示しておく
開示権利の保証	受領者が開示された情報の権利の所在を明確にするために、開示者側が、秘密情報を開示できる権利を持っていることを保証させる
漏洩時の措置	開示した秘密情報が漏洩した、あるいは、その疑いがある場合に、①状況報告を求める権利、②調査をさせる権利、③再発防止措置策を請求できる権利を開示者に認める
権利義務の譲渡の禁止	NDA）を交わしたことによって得た権利・義務を、相手方のOKサインを得ずに勝手に第三者に譲ることはできないことを明記しておく
損害賠償	秘密情報が漏洩してしまった場合に、受領者に対して賠償請求できることを明記しておく
差止	秘密情報が漏洩た場合、賠償請求と合わせて、受領者に対し秘密情報の使用の差止を請求できる旨を明記しておく
契約の有効期間・残存条項	秘密保持契約の効果が継続する期間と、その期間が終了しても引き続き一定の期間、秘密保持義務・賠償義務などの契約の効力を存続させる規定を定めておく
準拠法・裁判管轄	どこの国の法律が適用され、どこの国にある裁判所で闘うことになるのかを定めておく
協議事項	NDAに書ききれなかった事項については、当事者で協議の上解決するということを明記しておく

準備フェーズ

ベンダーから上がってきた確認項目を、最初に目にするのはあなたです。そこで認識の食い違いがあればフィードバックを行ない、わからないことは確認すればよいので、社内の確認に出す時点で担当者としての判断はなされています。その上でのちゃぶ台返しのような注文は、あなたが対処すべき問題なのです。気を引き締めておきましょう。

確認ではなく、決断をする

プロジェクトの状況によって、「確認」ではなく「決断」が迫られる局面もあります。その際は、主体的に決断する覚悟を持ってください。

ベンダーから上がってきた成果物が要件と異なっていたり、デザインなどのクオリティがあきらかに要求を満たしていなかったりするときは、リテイクを依頼することも必要です。

また、プロジェクトに不測の事態が発生した際に、無理をしてリリースするようにかじを切るのか、あるいは関係各所と調整を行なって延期や中止の判断を下すのか。厳しい判断が行なえるのは、発注側の担当者だけです。ただのチェック係や伝書鳩にならないよう心がけましょう。

図3 業務委託契約の一般的な内容

項目	内容
制作物の仕様	後のトラブルを防ぐため、細かい部分まで詰めた仕様を明記しておく。仕様の修正についての承認方法についても定めておく
納期	決まっているのであれば明記する
対価の金額	制作物の対価として、委託者が受託者に支払う金額
契約期間	受託者が保守管理を受託する場合には継続的な業務となるため、契約期間を定めておく。契約の更新についても決めておく
継続業務の金額	継続的な業務については、月額の委託料についても決めておく
受託者の報告義務	どのタイミングで業務について委託者に報告するかを定める
成果物の知的財産権の所在と権利移転のタイミング	成果物の所有権と知的財産権の所在とそれらの権利が移転するタイミングを定めておく
契約締結後の仕様変更の可否と変更の方法	仕様を途中で変更することができるか否かと、変更の方法について定めておく
検収方法	発注者が研修を行なう義務と方法、期間について定めておく
瑕疵対応	成果物に瑕疵があった場合、委託者と受託者のどちらの負担で修正するかの条件と対応期間を定めておく
受託者の業務の再委託について	ベンダーが制作業務等を第三者に任せてもよいかを定めておく
業務遂行にあたり必要となる費用(画像などの素材の費用)の負担について	制作物の作成にあたり、必要な素材やライセンスなどを購入する場合、その費用を誰が負担するかを定める
契約解除条件	契約の解除にあたり、いつまでにどちらからできるのか、またその方法について定めておく

ベンダーの役割とタスク

発注元はベンダーにWebサイトを発注すれば終わり……というわけにはいきません。発注元とベンダーの意識合わせがすべてのフェーズで重要です。

解説：岸 正也（有限会社アルファサラボ）

準備フェーズ

ベンダーとは？

本書ではWeb制作業者を制作会社、ないしは「ベンダー」という言葉で表しています。ここで、よく使われる「ベンダー」という単語について考えてみます。ベンダーを辞書で引くと、「販売会社」と記載されています。しかし、Webサイトの制作には原料やカタチのある製品は存在しないため、非ITの世界、例えば家電や食品などの多くのビジネスのように、「サプライヤー」が供給した原料をもとに「メーカー」が作った商品を「ベンダー」が販売するということはありません 図1 。

ゆえにIT業界ではシステムやWebを受託開発・受託生産する会社を「ベンダー」と呼びます。ベ

ンダーにはNTTデータや富士通などの大手SIerから数人規模の「ベンダー」も存在します。

また、「ベンダー」に対して「ユーザー企業」という単語も存在します。ユーザー企業はBtoCの事業を行なっている企業という意味ですが、受注産業以外に使われることは少ないので「ベンダーから見た発注元」という解釈で問題ないでしょう。ただし、Webの場合はイントラネットを除けば、ユーザー企業とは別に（一般の）ユーザーが存在します。混同を避けるため、「ユーザー企業」という言葉はあまり使われません。また、発注者と本来のユーザーを厳密に分けないことがWebやシステムのユーザビリティを損ねているという側面も存在するため、SIerでもこの言葉を利用し

図1 ほかのビジネスとITビジネスの違い

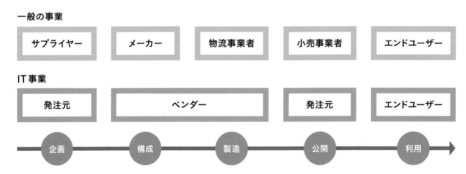

IT業界は調達・物流といったフェーズの重要性が、他業界に比べて大幅に低い。一方、そのためにきっちりとしたバリューチェーンが形成できないという見方もできる

ないケースも存在します。

ベンダーを活用しよう

Webサイト制作はほかのビジネスと比べると新参の部類にあたり、制作メソッドが確立しているとはいえません。また、ベンダーはWebに関するすべての問題を解決できるわけではありません。なぜなら、Webサイトの問題と、Webに掲載する（サービスを展開する）事業の問題とのグレーゾーンが非常に広く、把握するのに時間がかかるためです。

仮に優秀なコンサルタントを入れたとしても、短期間でこの問題を完全に切り分けることはできないでしょう。また、コンサルタントを入れた場合の問題点として、設計と実装の乖離が挙げられます。コンサルタントを入れないほうがよいという意味ではなく、コンサルタントが導き出した確度の高い仮説を実装できるベンダーは少ないということです。

例えば部品や建築であれば、きちんと設計し、ある程度の技量を持った施工会社に依頼すれば設計通りのものができあがります。しかし、Webはまだまだその領域には達しておらず、常に発注元は成果物を確認していかなければ意図するものを作ることはできません **図2**。そうしないと、まったく意図しない方向へ進む危険性があるということです。

ベンダー活用のポイント

ベンダーをうまく活用しWebサイト制作を成功させるには、ここで紹介する2つのポイントを意識するとよいでしょう。

RFPの扱いを柔軟に

まず、RFP（提案依頼書）は必ず作成しましょう。仮説でも抽象的でも意図を明文化しておくことは非常に重要です（P66参照）。RFPがなければベンダーは正しい見積りを作成できません。た

だし、設計段階でRFPの要件を変更するべきと判断した場合は、潔く変更することも必要です。また、新しい要件が出てくることも予想されます。そうした場合はRFPの項目を削除する勇気も持ちましょう。

RFP順守と新規要件の追加の両立はベンダーにとっては単純に工数増加になり、不信感を持たれることにつながりかねません。

納得するまで確認を

発注側は腹落ちしないことがあれば、ベンダーにすぐ確認を取りましょう。「技術的なことだから触れないほうがいい」や「向こうには向こうの都合があるだろう」、「最終的にはよしなにやってくれるのでは？」。こうした考え方は多くの場合、負の方向に転ぶケースが多いと思われます。

また、誰が考えても簡単だと思われる作業、例えば「1文字変更するのに数万円かかる」というケースも存在します。担当者不在で技術者をアサインする必要がある場合は、1文字の変更で数十カ所プログラムに変更が生じるケースもないとは言い切れません。単純に「高すぎる」わけではないケースも存在することは念頭におくべきでしょう。

図2 Webサイトの制作メソッドは確立していない

一般の事業

CAD

設計書通りに作るのが重要

Web関連事業

pptx　非機能要件

ユーザビリティなど非機能要件が多く、設計書通りにいかない部分が少なからずある

CHAPTER 2

プロジェクトのメンバーと
チームビルディング

通常のサイトであれば、リニューアルは一人では行なえません。複数人で構成された「チーム」が必要です。ここでは、まずリニューアルのプロジェクトにおける「チームとは何か?」を考えてみます。

解説：岸 正也（有限会社アルファサラボ）

準備フェーズ

リニューアル成功のカギは
「チームづくり」

　チームという言葉は日常からよく使われますが、ビジネスにおけるチームとは何でしょうか?　これから私たちが行なう Web サイトのリニューアルは定型業務ではなく、スタートとゴールがある「プロジェクト」と呼ばれるものです。プロジェクトを遂行するために集められるのが、組織の枠を外し、1つのゴールに向かって個別の作業を行なうプロジェクトチームです。

　もし、上司から「コーポレートの Web をリニューアルしろ。プロジェクトチーム構成は任せる」と言われたら、あなたならどうしますか?　すぐに

思い浮かぶ選択肢は2つです。

① 組織内の有識者に相談する
② 制作会社に頼む

　これは、どちらも正解です。「制作会社に丸投げすればいいのでは?」と考える方がいるかもしれませんが、制作会社は Web サイトを作成する技術は持っていても、発注する組織の事業の特色や展望、業務上のワークフロー、デザインや表記に関する管理ルール、インフラやセキュリティのルールなどはわかりません。これらがわからないと、制作会社に丸投げした場合、目標を達成するWebサイトを作ることはできないということです。

図1 プロジェクトチームの構成

Web 担当者と制作会社という関係ではなく、実際は組織と制作会社であり、カウンターとして Web 担当者が存在する

逆に本業もある中で、組織内だけで最新のテクノロジーを使ったWebサイトを完成させるのもまた難しいといえます。

特に近年のWebサイトはより専門化、複雑化しており、社内のさまざまな関係者とWebの専門家である制作会社を合わせたチームづくりが、リニューアルの成功への第一歩です 図1。

制作会社は技術に関しては専門家ですが、クライアントの組織の協力なしには、その会社のカルチャーや事業の展望、独自のワークフロー、さまざまなハウスルールなどを理解し、カタチにすることはできません。

組織内のチームメンバー

チーム構成を検討する前に、Webのリニューアルにどんな人たちが必要なのかを大まかに見てみましょう。まずは発注する側の組織内から考えてみます。もし、あなたが制作会社に所属している専門家であっても、発注側のチーム構成を理解することは重要です(役割の名称は組織によっても違うため、参考程度に捉えてください)。

チームメンバー（メイン）

後述するサポートメンバーは組織構成やプロジェクトの規模によって流動的ですが、チームのメインとなる役割は次の2つです。

・Web担当者

上司から「コーポレートのWebをリニューアルしろ。やり方は任せる」と言われた、あなた自身のことです。発注側の組織の現場責任者として、組織内の意見集約や要件の策定、プロジェクト内におけるマイルストーンの確認など、作業内容は多岐に渡ります。コーポレートサイトの場合は広報系の部署が担当することが多く、Web専門の部署がないときは、情報システム系やマーケティング系の部署の人が担当することもあります。

・Webプロジェクトオーナー

ヒト、モノ（Webサイト）の責任者で、多くの場合は決裁承認者です。職位はWeb担当者よりも上になることが多いでしょう。Webサイトに対する知識やモチベーションはさまざまですが、会社に対しての説明を行なう立場上、効果や進捗を把握しなければならないため、Web担当者は密に連絡を取り、Webの効果やリスクを十分に理解してもらう必要があります。Webプロジェクトオーナーの正しい理解がないと、複雑な人間関係かつ長期戦になることの多いWebリニューアルを、スムーズに進めることはできません。

チームメンバー（サポート）

各部門からサポートメンバーをアサインします。専門家としての意見を述べるとともに、プロジェクトの内容を自部門に持ち帰り自部門の承認を得るというミッションを持っています。

・情報システム部

Webサイトのインフラ面をサポートします。情報システム部が管理するWebインフラを利用する場合は、インフラ面での責任者になります。サーバーのみならず、開発環境やドメイン、サーバー証明書、セキュリティ、運用方法など情報システム部が関わる部分は多岐に渡ります。クラウドサーバーやホスティングサーバー、レンタルサーバーなどサーバーを制作会社経由で借りる場合にも必ず情報システム部と相談し、いざというときに情報システム部がSSHなどで接続できるようにしたほうが安全です。また例えば、ドメインなど制作会社経由でなく、自社の資産として独立して管理すべきものも存在します。制作会社と技術面での話ができる専門家として、制作会議に出席してもらうのもよいでしょう。

・事業部

Webサイトに掲載するコンテンツの部署からメンバーをアサインしてもらう必要があります。リニューアルするWebサイトの根幹となる材料を用意してもらうことになるため、この役割はとても重要です。

ただし、本業で忙しいことが多いと思われるので、事業部にWebサイトの効果を理解してもらい、そのメンバーが堂々とWebサイトの仕事をできるようにアシストするのもWeb担当者の役割です。また、公開後運用のフローなどについても早期に相談すべきです。

・マーケティング部

Webサイトで商品や事業の魅力をユーザーに伝えるには、マーケティング部門の協力が不可欠です。特に公開後は広告出稿やほかの媒体との連動など、マーケティング部と連携してさまざまな施策を実現させましょう。それらの施策で最適解を出すため、リニューアル時からチームに加わってもらうことが望ましいといえるのです。

商品のCTAや情報構成など、マーケティング部の協力こそがWebサイト成功の秘訣です。成

果物などをマーケティング視点でチェックしてもらうだけではもったいないので、積極的にタスクを割り振りましょう。

・広報部

コーポレートサイトのプレスリリース、IRなどは広報活動の大きなチャネルになります。最近ではいわゆる会社のお知らせにとどまらず、オウンドメディアという自社の資産をコンテンツ化してコーポレートサイトに掲載することがトレンドとなっており、これらの面でも広報部の協力は不可欠です。またコーポレートイメージの統一やロゴの扱い、写真の利用などデザイン面でも広報部の力を借りることになります。

・法務部

プライバシーポリシーやサービスの利用規約など、法務部の力が必要な場面がいくつか存在します。

チームのメインとなるのはWeb担当者とWebプロジェクトオーナーです。そして各部門のサポートメンバーをアサインし、1つのチームが構成されます 図2 。

図2 発注側のチーム構成

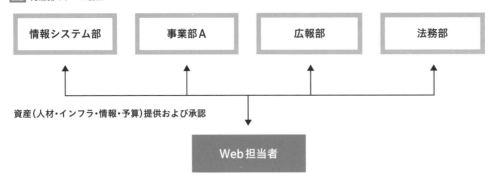

| 情報システム部 | 事業部A | 広報部 | 法務部 |

資産(人材・インフラ・情報・予算)提供および承認

Web担当者

Webサイトリニューアルには、組織内のさまざまな部署に対して理解と承認を得る必要がある

制作会社のプロジェクトメンバー

　続いて、制作会社やその他外部専門会社のプロジェクトメンバーについて考えていきましょう。Webリニューアルを担当する組織のWeb担当者は、制作会社のプロジェクトメンバーを詳しく知る必要があるのでしょうか？　本業が忙しいので制作会社にすべて任せたいという場合を除けば、誰がどのような手順で作業を行ない、その結果どんなモノができるのかを知ることはとても重要です。なぜなら、制作過程が完全にブラックボックスだと、制作会社に対してこだわりを伝えるタイミングを図るのが非常に難しく、結局は手遅れになるケースも多いからです。臆せずに質問できるよう、ある程度の知識を持って臨むのがよいでしょう。

　また、制作会社を複数入れる場合や、インフラ、システム、マーケティング、コンテンツ、SEO、SaaSなど複数の専門会社と協力して作業を行なう場合もあります。一般的には外部会社を1つにしたほうが窓口が1つになるのでWeb担当者の負担は減り、かつグレーゾーンがないため作業はスムーズに行なえます。ただし制作会社にはそれぞれ得意分野があります。上手にコントロールできるなら、制作会社と専門会社のそれぞれのよさを生かし、大きな効果を生むことも可能です。もしあなたがWeb担当者なら、いろいろな制作会社や専門会社と話をしてみることをおすすめします 図3 図4 。

チームメンバー（制作会社）

　制作会社のチームメンバーは明確な区分ができない職種も多いので、大枠で捉えることが重要です。ここでは概略理解のため、一部初心者に特化した説明にしています。

・Webディレクター

　発注組織に対しての窓口であり、制作会社内のチームの取りまとめ役でもあります（次ページ 図5 ）。規模が大きくなると、2つの役割を分業するケースもあります。ただし、コンテンツからシステム開発までWebの範囲があまりに多様化しているため、すべてのWebリニューアルの問いにその場で答えられるWebディレクターは存在しないと考えたほうがよいでしょう。ごくまれに複数のジャンルに精通した人もいますが、それでも得意・不得意分野は存在します。「専門家なのですべてを理解している」という期待は避けたほうがよいでしょう。

CHAPTER 2

図3　作業のグレーゾーン

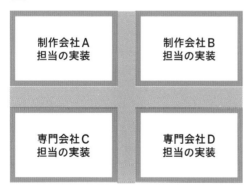

複数の外部業者が作業を行なうと、作業のグレーゾーンが生まれやすい

図4　いろいろなベンダーや専門会社の話を聞いてみよう

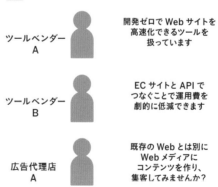

メインの制作ベンダーとバッティングせずに行なえる施策も多数存在する

また、Web担当者はその理解の上でコミュニケーションするべきです。Web担当者は「このディレクターは何が得意なのか」を見極めると、プロジェクトをスムーズに進めることができます。

・Webプロデューサー／Webプランナー

Webディレクターを大きな括りとすると、主にWebリニューアルの企画や設計など、上流部分を担当するスタッフに対してこの呼称が使われます。より幅広い知識が求められるため、制作会社の中では「Webディレクター→Webプロデューサー」というキャリアパスが存在します。プロジェクトの際には、上流部分のみに参加することもあります。

・Webコンサルタント

コンサルタントの定義を「課題解決」とすると、Webコンサルタントは発注組織に対してWebを利用した課題解決を行なうメンバーです。Webプロデューサー／Webプランナーとの違いは明確ではありませんが、課題解決に特化した調査や提案を行なうと考えてかまいません。そのため、最終のアウトプットはレポートになるケースが多いでしょう。

・SE（システムエンジニア）

Webリニューアルに特化して表現すると、システム開発のディレクターと言い換えられます。例えば、ECにおけるカートシステムの構築や、基幹システムとの連動やCMSの開発といった作業の設計や指示を行ないます。

・Webデザイナー

狭義にはPhotoshopやAdobe XDなどのグラフィックツールでWebページの「見た目」を作成するメンバーですが、現在は情報設計やコーディング、フロントエンドエンジニアリングを兼ねるケースがほとんどです。またサイトのUX（ユーザー体験）やUI（使いやすさ）を向上させる役割も担います。

・コーダー

Webデザイナーが作成したWebページの「見た目」を、htmlとCSS、ときにはJavaScriptなどを利用してWebサイトとして実装します。

・プログラマー

SEの指示にもとづいて、Webサイトのシステ

図5 発注元と制作会社の橋渡しをするWebディレクター

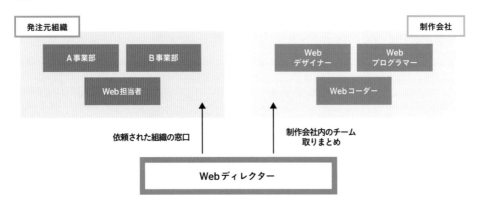

Webディレクターは常に二方面を見ていることを全員が理解すると、プロジェクトが円滑に進みやすい

ム部分を担当します。また、Webディレクターや Web デザイナーの指示にもとづき、コーダーでは実現できない画面上の複雑な動作も実装します。Web サイトのクライアントサイト（ユーザーのブラウザ上で動作する部分）を担当するフロントエンドエンジニアと、サーバー上のプログラムを開発するサーバーサイドエンジニアに大きく分類されます。

・Web アナリスト

狭義には Web コンサルタントのうち、アクセスログなどから Web サイトの問題点を洗い出し、改善提案を行なうメンバーを指します。

・その他

掲載するコンテンツも同時に作成する場合は、ライターや映像ディレクター、ナレーター、カメラマンなどもチームに加わります 。ここではその他に分類していますが、コンテンツの中核を担う重要なメンバーです。

チームメンバー（専門会社）

制作会社のメンバーが役割を担うケースもありますが、わかりやすいように分けて紹介します。

・広告代理店

Web のマーケティングを担当します。広い意味では Web サイトのすべてがマーケティングですが、狭義には集客、主に Web 広告を掲載する際に依頼する会社を指します。ある特定の商品に特化したランディングページを作成する際には、集客込みで広告代理店に依頼することもよくあります。

・ホスティング会社

サーバーの運用、管理を行なう専門会社です。サーバーのハードウェアやネットワーク、場合によってはミドルウェア（主に Web サーバーやデータベース）までを管理します。社内にサーバーを置かない場合には必須です。

・SEO 対策会社

検索エンジンで上位表示を実現するために依頼する専門会社です。近年、検索エンジン対策そのものは Web のスタンダードな戦略になっていますが、専門会社の質は玉石混交だといわれており、集客目的の SEO コンテンツを作成する会社も増えています。

CHAPTER 2

図6 コンテンツ作成のメンバー（例：社長対談）

撮影現場

 ディレクター

 アシスタントディレクター

 ビデオカメラマン

 スチールカメラマン

 インタビュアー

制作作業

動画　ディレクター　編集オペレーター　音声

Webページ　編集者　ライター　Web デザイナー

しっかりとした Web コンテンツを作成するには、多くの専門家が必要になる

リニューアルにおける
チームビルディング

Webリニューアルを進める各チームの種別や役割について検討します。一定以上の規模の場合、複数のチームが専門性を活かしパラレルに動くことで、プロジェクトの効率化とクオリティ向上を図ります。

解説：岸 正也（有限会社アルファサラボ）

Webリニューアルにおける
チームのあり方

「チームビルディング」という言葉を耳にする機会は増えているのではないでしょうか。目的や目標の達成に向かって、各メンバーが一丸となって取り組むための、チーム形成や運用手法のことを指します。

たとえ、実績のある制作会社や社内のWebサービス経験者をプロジェクトメンバーにアサインできたとしても、組織の意思決定者が複数存在し、コンセプトやデザインなどで意見が割れ、マイルストーンにおける承認を取ることができなければ、プロジェクトを前に進めることはできません。

チームビルディングに関してはさまざまな考え方があり、多くの書籍が出版されています。特に、フレデリック・ラルーの『ティール組織』（英治出版）は、Webリニューアルにおけるチームビルディングを考える上で参考になります。ただ、本書を読むみなさんにとっては、チームのあり方よりも実際のチームの種別や運用方法についての理解が直近の課題と考え、そのあたりを中心に考えてみます。

Webリニューアルの場合、プロジェクトのタスクを大まかに4つに分け、個別にチームとして管理するのが、わかりやすくベーシックなチームビルディングです 図1 。

ただしこの手法は各タスク間のコミュニケーションコストが大きいので、コストを誰が担当するのかは十分に考えておく必要があります。仕様が決まらない初期の段階では、Web担当者はすべてのチームの会議に出席することが望ましいといえます。

チーム別ポイント

ここからは、Webリニューアルの4つのチームのそれぞれのポイントを見ていきます。

Web制作チーム

サイトリニューアル時のKPI策定から要件定義、情報設計、ビジュアル設計などを行ない、インフラチームやシステムチームと連携を取りながら、Webコンテンツ＆マーケティングチームがコンテンツを投入できるWebサイトを実装します。プロジェクトのスタートからゴールまでこのチームを軸として進めていくことになるでしょう。チームで週1回などの定例会を持ち、それぞれのタスクの進捗確認や問題点を共有することが望ましいといえます。各チームからの要求事項を吸い上げ、必要に応じて実装したり、ほかのチームに要望を渡す役割も、このチームで行なうのがスムーズです。

インフラチーム

　Webサイトを設置するWebサーバーの開発および管理、運営を行なうチームです。公開後のサーバー管理も引き続き担当することが多く、実運用を見据えたサーバー設計が求められます。ほかのチームはサーバーやネットワークに関する知識が十分でない場合も多いので、ほかチームの希望を理解しつつも、技術、セキュリティ、安定性などを考慮したインフラ設計を積極的に推奨しましょう。要件を満たすために無理な設計を行なったことで、あとでトラブルが発生した例は多々存在します。

システムチーム

　Webサイトを管理するCMSなどのミドルウェア開発や、Webサイトにおけるシステム部分の開発を行なうチームです。Web制作チームと同一の場合もありますが、システム要件が多い場合はエンジニアがチームのコアとなる別チームを構成したほうが開発はスムーズに進みます。ただし、Webチームと常にコミュニケーションを取り、成果物がユーザーのニーズやサイトの目的を満たしているかをチェックしましょう。

Web コンテンツ&マーケティングチーム

　Webリニューアルをマーケティングとコンテンツ作成の側面から構築するチームです。Web制作チームは機能や全体設計においてのビジュアル面での話がメインになりがちなので、別のチームで検討するとよいでしょう。ただし、機能とまったく関わりがないわけではないので、適宜Web制作チームに要望を出す必要があります。

図1 リニューアルのプロジェクトチームの4つの分類

Web制作チーム	インフラチーム	システムチーム	Webコンテンツ&マーケティングチーム
関係事業部	情報システム部	情報システム部	関係事業部
広報部	Web制作会社またはホスティング会社など	Web制作会社	広報部やマーケティング部
Web制作会社		システム開発会社など	広告代理店
Webサイトの情報構造設計やビジュアル設計から実装まで	Webサイトを設置するサーバーの開発および管理	ミドルウェアやシステム部分の開発	コンテンツの内容や運用体制設計、広告出稿案など

タスクを洗い出す

サイトリニューアルの仕様やプロジェクトチームがある程度カタチになったら、実際の作業を細かい
単位に分割し、各メンバーに割り振ります。この細分化された作業を「タスク」と呼びます。

解説：岸 正也（有限会社アルファサラボ）

タスクの役割

　細分化された作業（＝タスク）を洗い出すこと
にどのような意味があるのでしょうか？　例えば
「β版のWebサイトを複数のデバイスでチェック
する」というタスクがあったとします。すると、
そのタスクを実行するには、以下に示すようなさ
まざまな検討事項が出てくるでしょう。

- 誰が行なうのか？
- いつから行なうのか？
- どれくらい時間がかかるのか？
- どのように行なうのか？
- 成果物は何か？
- このタスクを開始するための前提となるタス
  クは何か？

　例えば「この作業は誰でもできるけど、そのた
めには事前にテスト仕様書を用意する必要がある
な、テスト仕様書は……私が作るのかな」、「この
時期に手が空いているのは○○さんだな」、「社内
に自由に使えるAndroid端末がないな」というよ
うに、タスクを洗い出すと、検討事項が見えや
すいのです。

　検討事項はそのままタスクのプロパティ（属性）
となります。プロパティをもったタスクが複数集
まると、スケジュールとなるわけです。

　ここで、デザイン工程を細分化し組み立てたス
ケジュールを示します 図1。「トップページの制
作」は制作会社Bの担当で作業期間は10/22（月）
より5日間、ただし「発注組織A」から写真・コピー

図1　デザイン工程を細分化し組み立てたスケジュールの例

■デザイン	20日	18/10/15 (月)	18/11/09 (金)	
写真・コピーの支給	5日	18/10/15 (月)	18/10/19 (金)	A組織
トップページの制作	5日	18/10/22 (月)	18/10/26 (金)	制作会社B
ご確認	5日	18/10/29 (月)	18/11/02 (金)	A組織
各詳細ページの制作	5日	18/10/29 (月)	18/11/02 (金)	制作会社B
ご確認	3日	18/11/05 (月)	18/11/07 (水)	A組織
FB対応・修正	2日	18/11/08 (木)	18/11/09 (金)	制作会社B

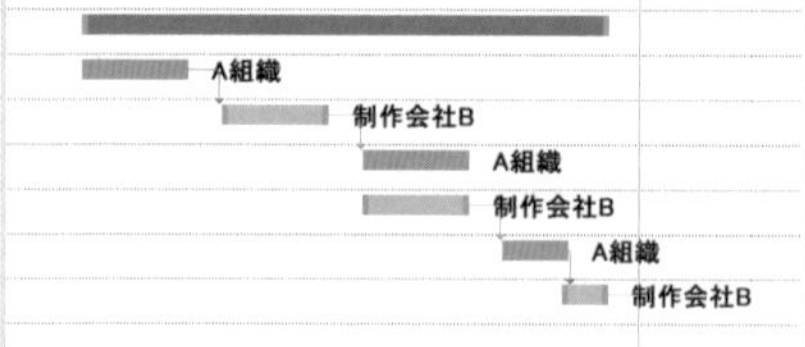

の支給がなければ作業が進められない、というプロパティを持っていることがわかります。

このように、多くの場合、タスク同士に依存関係があり、その組み合わせで全体のプロジェクトが成り立っているのです。タスクはスケジュールおよび要員のアサイン、そして実際の作業内容や手順を決める上で重要な役割を果たします。

タスクをどう決めていくか？

タスクを決めるには、プロジェクト管理でよく利用されるWBS（Work Breakdown Structure）の手法を利用しましょう。WBSとは読んで字のごとく、Work（作業）をBreakdown（分類）してStructure（構造化する）手法のこと。つまり、大きな作業から徐々に小さな作業に分解していきます。最終的にタスクは必ず1つの親が存在するツリー構造の形式になります。

進め方は、まず各チームの代表が集まり、ホワイトボードやマインドマップツールなどを利用して、各チームに大まかに作業を割り振ります 図2 。その後、各チーム内で詳細なタスクの細分化を行ない、全体でレビューをするのがよいでしょう。

タスク分解の粒度と細分化の手法

タスクの細分化手法は、大きく分けて次の4つがあります。

① 仕事の流れに沿って分類する
② メンバー単位で分類する
③ 成果物単位で分類する
④ 期間で分類する

システム開発においては、①や③をよく目にします。一方で、ベクトルの違う複数のチームが同時に作業する傾向のあるWebリニューアルにおいては、タスクの粒度を以下のように定義します。

> 何らかのアウトプットをプロジェクト内に公開し、ほかのチームまたはメンバーがそのタスクをインプット後、新たなタスクを開始するもの。

ここでいうアウトプットとは、成果物に定められたドキュメントではなく、「ほかのメンバーやチームに共有するすべてのもの」と定義します。例えば、発注組織の確認指示PDFや、制作会社が作成したデザインに対しての「このまま進めてください」という返答メールもアウトプットです。

この粒度でタスクを定義すれば、各メンバーは「自分の作業がいつから始まり、ほかのメンバーにどのような影響を及ぼすか」を理解することができます。その上で自分の作業をどのように進めていけば、全体がスムーズに流れるよう考慮することができるのです。

図2 マインドマップツール「Mindomo」を利用したタスクの細分化

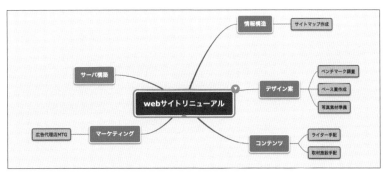

CHAPTER 2

スケジュールを組み立てる

タスクの洗い出しが完了したら、それらを組み合わせてスケジュールを作成します。スケジュールが これからのリニューアルプロジェクトにおける作業のマスターになりますので、慎重に作成しましょう。

解説：岸 正也（有限会社アルファサラボ）

準備フェーズ

スケジュールの組み立て方

　まずは、縦に大項目でグルーピングしたタスクを時系列に並べ、各項目の右に工期を記載します。工期は暫定でもかまいません 図1 。

　続いてプロジェクトの全体を俯瞰するためのガントチャートを作成しましょう 図2 。ガントチャートとは、作業の工期と進捗を表した図表のことで、プロジェクト管理の世界標準の形式です。そしてタスク同士を「前の作業が終わらないと、この作業が始まらない」という依存関係で結びます。依存関係が決まれば、タスクの開始日および終了日がおのずと決まります。

　次に作業者を振り分けます 図3 。作業者にヒアリングを行ない、タイミングや作業者目線で見た工期を確認します。そしておよそ90％の確率で完了できる工期を基準に、タスクの開始日と終了日を仮決定します。

　最後にマイルストーンを決めます。Webリニューアルにおけるマイルストーンは、キックオフや各フェーズの節目、ベータ版公開、全体公開などが該当します。全体定例会のタイミングにマイルストーンを設置してもよいでしょう。

スケジュール作成ツール

　次にスケジュールをどのようなツールで作成・管理するかを考えてみましょう。

Excel

　まず挙げられるのがExcelです。多くの人が持っており、使い方をある程度理解している点がメリットといえます。Web上には無料のテンプレートも紹介されているので、探してみてもよいでしょう。

専用ツール（デスクトップアプリ）

　複雑な作業を伴うプロジェクト管理は、専用ツールを導入すると作業性が向上します。ここで紹介する2つのツールは、どちらも直感的でわかりやすい操作性と機能性を両立させており、予算や稼働リソース、レポートを含めたプロジェクト管理が可能です。さらに、プロジェクトの問題点

図1 時系列に並んだタスクと工期

タイトル	期間
▼ 1) 開発サーバ構築	4日
・ 1.1) サーバ要件	2日
・ 1.2) サーバ仕様書作成	4日
・ 1.3) インスタンス起動	1日
・ 1.4) ミドルウェアインストール	2日
・ 1.5) 動作テスト	1日

を発見しやすくなる機能もあります。スケジュール管理のためだけにライセンスフィーが発生するのが難点ですが、ワンランク上のプロジェクト管理を目指す場合は、ぜひ導入を検討してみてください。

・MS Project

MS Project（Microsoft Project）は世界標準の高機能プロジェクト管理ツールです。大規模プロジェクトはもちろん、細かい管理ができるので小規模案件にもおすすめです。

・OmniPlan

OmniPlan は MacOS および iPad 用のプロジェクト管理ツールです。MS Project よりも直感的、かつ高速にガントチャートを作成することができます。特に、プロジェクト管理で重要なタスク間の関係を柔軟かつ直感的に設定できる点と、Web リニューアルでは頻繁に起きる予期せぬプ

ロジェクトの途中変更にも柔軟に対応する機能を備えている点が優れています。

専用ツール（Web アプリ）

・Backlog

日本発の、システムや Web 開発の現場でよく利用されているプロジェクト管理管理ツールです。課題管理やバグトラッキングシステムのイメージを持たれがちですが、ガントチャート機能も充実しています（ただしスタートプランには含まれません）。これ１つでディスカッションから制作時のコミュニケーション、バージョン管理も可能です。

・OpenProject

オープンソースの Project 管理ツールで、MS Project に近い機能を持っています。無料で利用できますが、サーバーおよびサーバーアプリケーションのインストール知識が必要です。

CHAPTER 2

図2 タスク同士の依存関係を示すガントチャート

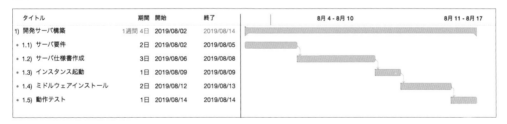

専用ツールを使えば、面倒な依存関係の設定が簡単にできる

図3 作業者とマイルストーンを追加したガントチャート

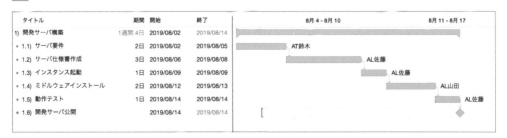

スケジュール作成のポイント

スケジュールを作成するのは簡単ですが、実際の運用ではさまざまなトラブルが発生します。変更を前提とした柔軟なスケジュールを作成しましょう。

解説：岸 正也（有限会社アルファサラボ）

準備フェーズ

マイルストーンありきで考えない

マイルストーン、その中でも特にリニューアルサイト公開日は決まっている場合が多いでしょう。だからといって、最初にマイルストーンを設置し、マイルストーンに合わせて作業工数を割り当てるのは本末転倒です。まずは、単純に作業者からヒアリングしたタスクの作業工数をつなぎ合わせてスケジュールを作成し、関係者全員に共有します。その上で、工期を短くするために効率化を図れる作業工程がないかを検討します。どうしても難しい場合は、希望公開日の変更を検討すべきです。具体的な検討例は次に示す通りです。

- 作業フローの見直しはできないか：細かくタスクを分解して無駄を省くことも重要ですが、大胆にフローを変更する手法もおすすめです 図1 。

- 一部の機能やコンテンツの公開のタイミングをずらすことはできないか：作業期間や検収のタイミングなどの問題はありますが、公開のタイミングを2回に分けることも重要な選択肢の1つです。公開間際になってこの選択肢を選ぶのではなく、関係者全員が納得できるこのタイミングで調整を行ないましょう。

- ボトルネックが予想されるタスクに対して作業者を増やすことはできないか：作業者を増やすことで効率化できるタスクと、ほとんど変わらないタスクを見極める必要はあります。

図1 プロトタイプツールで画面遷移図やカンプなどのフローを効率化できる

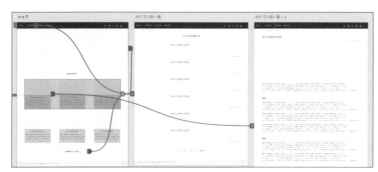

これらの検討を行ない、関係者全員が納得できる工期設定を目指しましょう。ただし、作業者自身のタスク工期の見立てが必ずしも正確であるとは限りません。そもそも100％正確な工期を算出することは不可能で、「5日集中できれば、80％の確率で終わる」などが精度の限界です。工期算出の訓練ができていないと、必要以上に長めに申告したり、逆に短く申告したりするケースもあります。

普段から可能な限り自分の中で一般的な標準作業時間を持っておき、工期の申告に違和を感じたら、タスクをさらに分解して、作業者または作業チームと納得のいくまで話し合うことが重要です。

共有感を演出する

マイルストーンありきでタスクの工期を決めると、作業者は「押しつけられたスケジュール」と感じ、完了日に間に合わない場合も「自分のせいでなく、スケジュールの問題」だと考えます。逆に自分が関わって決めた工期ならば「自分が決めた工期なので、工夫や効率化を図り、期間内に終わらせよう」というマインドで仕事に臨みます。もちろん作業者が決めた工期だからといって無理に残業をさせたり、問題発生時に責任を作業者一人に負わせたりすることはもってのほかですが、作業に取り組むマインドの違いで効率やクオリティに大きな差が出ます。そのため、スケジュールは「みんなで作りあげる」ことが大切です。

リソースの配分

当たり前ですが、作業者は一度に複数の作業を行なうことはできません。例えば、もともと機能Aの実装を担当していた山田さんの作業に遅延が発生すると、依存関係にある機能Aの鈴木さんのタスクが始められないだけではなく、機能Aの担当タスク完了後、山田さんが取りかかる予定だった機能Bのタスクが開始できません 図2 。機能Bの作業開始が遅れることに加えて、機能Aおよび機能B、2つの機能実装に遅延が発生することになります。

こうした事態を防ぐには、山田さんをA機能に集中させて影響を最小限に防ぐ、またはA機能に対して要員を投入する方法があります。しかし、機能実装時にはどうしても優秀なエンジニアにスタートを任せたいものです。そんなときは、山田さんにA機能とB機能の開発を並行してやってもらい、工期は倍に設定します 図3 。その中で山田さんの裁量でどちらにより多くの時間を割くべきかバランスを取りながら作業してもらうのです。

状況によっては、A機能とB機能どちらかにヘルプ要員の投入を検討しますが、2つの作業を同時並行で進めれば、その判断もより迅速に行なうことが可能です。

CHAPTER 2

図2 1つの遅延が別の遅延に波及する例

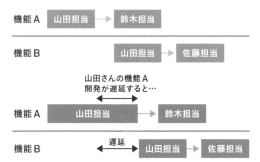

依存関係がなくてもスタッフの配置次第で、1つの遅延が別の遅延に波及する

図3 2つの機能の開発を並行して行なう例

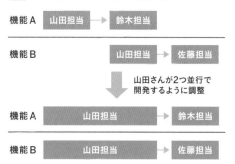

スケジュール上、A・B同時作業にすることで、山田さんの裁量部分が増えた

スケジュールを管理する

作成したスケジュールは実行されるために存在します。小さなタスクにも目を配り、スケジュールに問題がないか常にチェックする必要があります。

解説：岸 正也（有限会社アルファサラボ）

スケジュール管理のポイント

スケジュールは「デイリー」「作業完了予定日」「ウィークリー」「マイルストーン」で管理するとよいでしょう。

デイリーの管理

各タスクの進捗は基本的に割合で管理しますが、実際の工程の割合を作業者が正確に算出するのは難しいでしょう。また、仮に割合が正確でも、作業者以外には指標がないため、伝わる情報は「着手した」「終了した」というレベルになってしまいます。そこで、次のようにプロジェクトチーム共通の指標を設定するとよいでしょう 図1 。

- ・10％：仕様理解（不明点・不足資料なし）
- ・20％：作業開始
- ・60％：基本要件完了
- ・75％：単体テスト開始
- ・100％：完了（完全に次のタスクに入れる。ドキュメントや通知も含めて完了）

このように共通指標を作成することで、割合が関係者全員にとって意味のある数字になります。

デイリーの管理でもう1つ重要なのは、スケジュールが遅れている場合の対応です。設定した期間内にタスクが終わらない場合は、当該タスクの日数を追加します。さらに、そのタスクがクリ

図1 プロジェクト管理ツールに進捗を加える

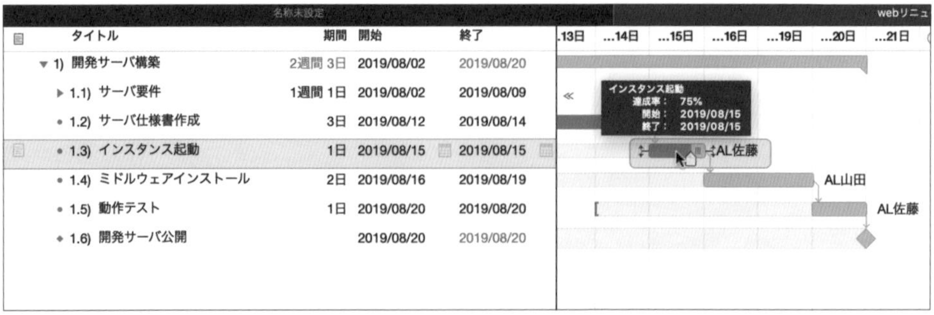

プロジェクト管理ツールに進捗を加えることで、漏れているタスク、遅れているタスクの可視化が可能になる

ティカルパス上にある場合なら、延長した日数分、その先のタスクを短くするなどの調整が必要です。

デイリーの管理で重要なのは「現状把握」です。終わらないタスクは作業者と相談の上、一旦タスクを分割し作業期間を伸ばします 図2 。ただし、作業期間を伸ばした結果マイルストーンの日付が変わる場合は、関係者に説明なしに共有すると「公開が遅れるのか？」という疑問が上がることでしょう。延長したままのスケジュールを定例会など全体の場で調整するのが理想ですが、関係者にフロー周知が難しい場合は、スケジュールの共有は調整後に行なうしかありません。

タスク完了予定日の管理

作業完了のタイミングでは、次の作業者にタスクの開始を連絡するとともに、次のタスクに引き渡すための作業が発生します。例えばデザインにOKが出たら、デザインの素材データをまとめてコーダーに引き渡したり、コーディングが完成したら、確認用のURLをテスターに引き渡したりする作業がこれに当たります。

こうしたタスク間のタッチポイントは伝達不足が発生しやすいタイミングです。

図2 プロジェクトツール上でのタスク分割

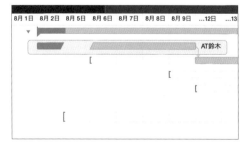

遅れているタスクはいったんクローズし、そのタイミングから改めて何日かかるかを検討するとよい。これをタスク分割と呼ぶ

主に前後のタスクの作業者およびWebディレクターがこの役割を担います。ただし、発注者が関係してくる場合は、Web担当者が引き渡し作業のサポートを行なう必要が出てきます。例えば、A事業部、B事業部、C事業部それぞれの原稿の内容調整や提出期限の管理を行なうのは、Web担当者です。伝達不足のまま作業が進むと、場合によってはすべて手戻りになる可能性もあるので、十分に注意しましょう。

ウィークリーの管理

ウィークリーの管理はデイリーの進捗をもとに、制作チームで、または関係者を集めた定例会で行なうとよいでしょう。スケジュールに沿って現状報告を行ない、タスクの工期を超える遅延が発生している場合は、バッファのありそうなタスクを短くするなど、リカバリー方法を相談しましょう。ここで相談しないと、テストや研修の期間が大幅に削られ公開できなくなることや、無理に公開しのちに大きなトラブルになることも予想されます。

また、もし予定の2倍、3倍の工数がかかったタスクがある場合は、影響が最小限にとどまるように調整する必要があります。

具体的な調整例は下記に示す通りです。

- 要員の追加投入
- 仕様の見直し
- 作業手順の見直し

マイルストーンの管理

ウォーターフォール型の開発手法でWebリニューアルを進める場合、マイルストーンのタイミングはとても重要です。なぜならマイルストーンのタイミングでWebプロジェクトオーナーら意思決定者の承認を得るという進め方が一般的なためです。そのため、マイルストーンに向けて全体の進捗およびクオリティを管理していくことになります。

CHAPTER 2

リニューアルにおける
インフラ設計のポイント

Webリニューアルの際には、現状のインフラをそのまま活かすのか、もしくは新しいインフラを導入するのか、十分に検討した上で判断する必要があります。

解説：岸 正也（有限会社アルファサラボ）

準備フェーズ

リニューアルのタイミングで
インフラも見直そう

リニューアルのタイミングは、旧来のインフラを見直すチャンスです。インフラ単体での見直しは予算確保や社内説明の点において難しいケースも多いので、リニューアルとともに変更すべきものは変えるのがスムーズでしょう。

数年前は最低でも月額十万以上かかった冗長構成やWAFは今や当たり前になり、オンプレミスよりクラウドサーバー、SSL証明書は無料で更新は自動処理になるなど、時代とともにインフラの常識は大きく変わっています。

また、同じレンタルサーバーを続けて利用するより高機能かつ低価格な新プランが出ているケースや、プランは同じでもサーバーを移設すること

図1 Webサイトの主なインフラ

名称	概要
レジストラ	ドメインの登録機関。新たなドメインを取得する際、またDNSをリニューアル時に変更する場合に利用する
DNS（ドメインネームシステム）	ドメインとサーバーを紐づけるシステム
WAF（Webアプリケーションファイアーウォール）	Webサーバーの前面に配置し、悪意のある攻撃からWebサーバーを保護する
SSL（セキュアソケットレイヤー）	データを送受信する際に、通信を暗号化や認証を行なうプロトコル。認証にはSSLサーバー証明書が必要
Webサーバー	Webブラウザで表示するhtmlや画像などのリソースを送信するためのミドルウェア
データベース	大量のデータの検索や蓄積が容易にできるミドルウェア。CMSの利用に必須
CMS（コンテンツマネジメントシステム）	専門知識がなくてもWebサイトを構築し、管理できるソフトウェア
SMTPサーバー	メールを送信するためのサーバー。お問い合わせフォームの自動返信メールなどに利用する

で高性能かつ最新の機能を利用できるケースも存在するため、その点も調査するとよいでしょう 図1 。

インターネットの仕組み自体は変わっていないので、「絶対にクラウドサーバーがいい」など、旧来の知識や実装をすべて否定するのは間違いです。継続して利用するのが最適な場合もあります。

インフラリニューアルのポイント

インフラリニューアルのポイントについて、特に注意すべき点を挙げます。

チェックポイント①
各インフラのサポート期限

まず、現状のインフラにおいてサポート期限が切れているものはないかを調べましょう。例えば、現在でもよく見かけるPHP5.6は2018年12月に、Apache 2.2は2017年12月に、それぞれセキュリティサポートが終了しています。このようにサポート、特にセキュリティサポート期限の切れたインフラを使い続けることのないようにしましょう。また、これから新規に導入するインフラに対しても、OSを含めて必ずサポート期限を確認しておきましょう。CMSやカートシステムも、サポート期限の確認を怠ったために、リニューアル後早いタイミングでメジャーアップデートを行なう必要が出てきた場合、予想外の出費を強いられることになります。この機会に、できるだけ最新のものを利用するようにしましょう。

チェックポイント②
導入とメンテナンス

レンタルサーバーであれば、多くの場合初期費用はかかるものの、ミドルウェアや言語環境（Web

サーバーやデータベース、PHPなど）のセッティング、セキュリティパッチの適用などの運用作業をサーバー業者が行なってくれます。一方でクラウドサーバーの場合は、ミドルウェアのインストールも、セキュリティアップデート適用などの定期メンテナンスも自分で行なわなければなりません（これらを代行するサービスも存在します）。障害対応も多くの場合、OSやミドルウェアのレイヤーから自身で行なう必要があります。また、CMSやカートシステムなどのソフトウェアに関しても、多くの場合セキュリティパッチの適用などの定期運用業務が存在します。こちらはWebサービス化しているものを除くと、レンタルサーバー利用の場合でも自身で行なう必要があります。

チェックポイント③
現状分析

現在のインフラに、次のような不満を抱えている方も多いでしょう。

- まれに Web サイトが止まる
- Web ページの表示が遅い
- CMS の画面が使いにくい
- CMS の管理画面が遅い
- 月額のコストが高い

こうした現状の問題点を整理し、新しいインフラ設計に役立てましょう。リニューアルでこれらの問題点は解消されるべきです。ただし、CMSの管理画面が遅い事象ひとつとっても、結果を見ただけでは原因はわかりません。Webサーバーの処理能力に問題があるのか、データベースに問題があるのか、CMSのテンプレートの作成方法に問題があるのか、はたまたCMSで利用しているプラグインに問題があるのか、切り分けていかないと誤った選択をすることになりかねません。問題の切り分けをせず、安易にCMSを別のものに切り替えて、機能やオペレーション上の問題が出てしまっては意味がないのです。

CHAPTER 2

小規模サイトに
おすすめのインフラ構成

ドメインからWebサーバー、コンテンツを運用するためのCMSまで、小規模なWebサイトのリニューアルにおける、おすすめのインフラ構成とポイントを解説します。

解説：岸 正也（有限会社アルファサラボ）

準備フェーズ

小規模Webサイトの定義

小規模Webサイトは会社やWebサイトの規模ではなく、以下のように定義します。
- 事業の主たるサービスがWebではない
- 短時間に多くのトラフィックを生み出すような運用予定はない
- 開発を要するWebアプリケーションやECサイトではなく、情報発信が中心
- ミッションクリティカルなWebである必要はない

おすすめのサーバー構成

小規模なWebサイトでサーバーを一台借りる、またはVPSやクラウドサービスを利用するのはおすすめできません。ルートアカウントが利用できるなど自由度は高まりますが、セキュリティパッチの適用やバックアップ、障害対応などさまざまな運用管理が必要になります。そのため、これらをホスティング会社が代行するレンタルサーバーの利用がおすすめです。近年のレンタルサーバーは低価格化、高機能化が進んでおり、管理画面の使いやすさも向上しています。主なレンタルサーバーのチェックポイントは次の通りです。
- コスト
- 無料独自SSL（Let's Encrypt利用可能）
- WAF（Webアプリケーションファイアーウォール）利用可能

図1 レンタルサーバーサービス「ヘテムル」

性能に優れ、信頼度や実績もある
https://heteml.jp/

図2 レンタルサーバーサービス「エックスサーバー」

高速化や負荷体制に特化したサービスを提供
https://www.xserver.ne.jp/

- バックアップ
- マルチドメイン無制限
- 利用予定ツールの対応状況
- サポート体制

　レンタルサーバーは制作会社経由で契約代行を行なうより、面倒でも社内の資産とするほうがおすすめです。これは、将来的にほかのベンダーがまったく別のサービスサイトをこのレンタルサーバー上に作成することも、運用を社内で行なうことも可能になるためです。月額数千円のレンタルサーバーでも、現在は複数のWebサイト運用に十分な性能を備えています 図1 図2 。

おすすめのCMS

　一定期間のみ公開するWebサイトの場合は不要ですが、それ以外はCMS（コンテンツマネジメントシステム）の利用が望ましいといえます。多くのCMSが存在していますが、共通する導入のメリットは以下の点が挙げられます。

- HTMLやCSSがわからなくてもWebページの追加・修正ができる
- テンプレートやテンプレート言語利用による作業ミスおよび工数の軽減
- リソースの一元管理

　このように、運用者だけでなく、制作者にも大きなメリットがあるのです。続いて小規模Webサイト向きの主なCMSを紹介します。

ホームページ制作サービス

　例えばWixやJimdo、Facebookページなど、広い意味でCMSと呼べるホームページ制作サービスで、無料からスタートできます。サーバーを用意する必要がないため、手軽にホームページを作成したい場合は企業でも利用することがあります。問題点は機能やレイアウトの自由度が低く、あらかじめ用意されたもの以外は作れないことです。

オープンソース CMS

・WordPress

　WordPressは、いわずと知れた世界No.1シェアのCMSです。WordPress＋無料または有償テンプレート＋問い合わせ用のプラグインの組み合わせが、現在のWebサイト作成のベーシックなインフラであるといえるでしょう。ほとんどのレンタルサーバーが対応しており、多くがWordPressを簡易的にインストールできる機能を備えています。豊富なプラグインや日本語のドキュメントも強みです。

　リスクとしてはプラグインの多用などで動作が重くなる場合があること、またシェア世界一のため、攻撃を受けやすいことが挙げられます。特に後者は十分注意する必要があります。

・concrete5

　先に紹介したWordPressはもともとブログツールのため、静的なWebサイト作成に直感的でない部分がありますが、concrete5は純正CMSで、カテゴリーで階層化されたWebサイトをプラグインなしで作成することができます 図3 。さらにページの一覧や問い合わせフォーム、サイト内検索、スライダーなどもプラグイン不要で作成可能です。

図3　concrete5のページ編集画面

直感的なページ編集が可能

大規模サイトに
おすすめのインフラ構成

リニューアルに際して、現行のWebサイト作成時よりもWebサイトの規模や重要性が大きく変化していた場合は、本節で解説するポイントを十分に理解する必要があります。

解説：岸 正也（有限会社アルファサラボ）

準備フェーズ

大規模Webサイトのインフラとは？

大規模なWebサイトにおいて求められるものは、大きく分けて2つあります。1つは柔軟性です。大規模なWebサイトは多くの場合、さまざまな機能要求に加え、実行速度や拡張性などの非機能要求も発生します。例えば、以下のような要求が考えられます。

- 明日、TVで当社が取り上げられるので、アクセス数の増加に対応したい
- 現行のWebサイトにこんな機能を追加したい
- ほかのWebサービスと、そのWebサービスの仕様でAPI連携をしたい

要求に可能な限り柔軟に、かつ安価に応えられるようなインフラが望ましいといえるでしょう。もちろんインフラにおけるガバナンスは重要ですが、運用上「あれもだめ、これもだめ」では事業に影響が出るだけでなく、各事業部の独自サーバーが乱立することにもなりかねません。

大規模なWebサイトで求められるものの2つ目は、情報セキュリティです。ISOでは情報セキュリティの3要素を次のように定義しています。

- 機密性（Confidentiality）：制限が必要な情報に、権限を持つ人しかアクセスできないこと
- 完全性（Integrity）：想定する完全な状態、つまり改ざん等が行なわれないこと

図1 AWSの典型的なWebサイトインフラ構成例

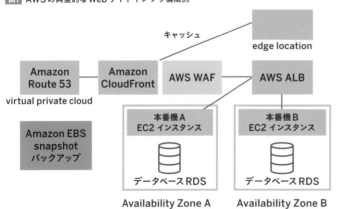

- Amazon Route53：世界各国に分散させたDNS。
- Amazon CloudFront：コンテンツ配信サービス。
- AWS WAF：悪意のある攻撃からサーバーを守るファイアーウォール
- AWS ALB：ロードバランサー
- EC2：アクセス量やCPU使用量に応じて、インスタンスの数を自動的に増減や自動復旧に対応した仮想サーバー。
- RDS：Multi-AZやバックアップに対応したクラウドデータベース

• 可用性（Availability）：情報を使いたいときに使えること。例えば1つのサーバーに障害が発生しても、Web サイト自体は利用できること

つまり、許可された人が正しい状態で常に閲覧できることが、情報セキュリティが担保された状態といえるわけです。例えばこの2つを AWS（Amazon Web Services）のサービスで実現した一例を **図1** に示します。

ただし重要なのは、このインフラを採用しても100％安心ではないということです。セキュリティを保つには監視やソフトウェアのセキュリティパッチ、悪意ある攻撃を定義したファイルの WAF への適用などの業務が発生することを念頭に置いてください。

大規模 Web サイトにおすすめの CMS

これまで利用していた WordPress や Movable Type では実現できなかったことを、高機能または有償の CMS が解決してくれるだろうという考え方はまちがっています。確かに前述の CMS はアーキテクチャとして大量のページを生成するのに不向きなところはあります。ただ、プラグインが豊富で自作のプラグインも簡単に開発できる、資料が豊富にあるという特長は、複雑な要件の大規模 Web サイトにおいてもかなりの強みです。実際に数万ページ規模や百人規模の運用体制で WordPress を利用することもあります。

ただし、はじめから中・大規模 Web サイト用に作成された CMS ももちろん存在します。それらも含めて最適な CMS を検討しましょう。

Drupal

Drupal は世界的な大企業、政府機関、教育機関で利用されているオープンソースの CMS です **図2**。コアモジュールで Web サイトの標準的な機能を揃えており、拡張モジュールも豊富です。ブロック配置によるレイアウトも自由度が高いといえます。多言語化に優れているのでグローバルなサイトではマストな CMS です。Web サイトの CMS としては WordPress や Movable Type よりもおすすめですが、導入が難しいことと、日本語の資料がかなり少ないのが難点です。

Adobe Experience Manager

Adobe Experience Manager、略して AEM は Adobe が作成したエンタープライズ向け CMS です **図3**。近年は大企業で導入する事例が増えています。単体でも高機能ですが、Adobe の各種マーケティングサービスやリソース管理サービスと組み合わせることで真価を発揮します。

AEM は最新の機能を備えていますが、いわゆるオープンソース CMS 的な自由度はないので、導入する際は「AEM の推奨する Web サイトの構成に沿った作りを前提とする」という考え方に変える必要があるでしょう。

図2 Drupal は世界標準の大規模サイト CMS

Drupal はブログツールではなく、Web サイトの制作に特化した CMS といえる

図3 有償 CMS の最高峰 Adobe Experience Manager

クロスデバイス対応も簡単にできる

サービスサイト・ECサイトに
おすすめのインフラ構成

ここでは、不動産情報や求人情報などの提供するサービスサイトやECサイトに特化して、おすすめするインフラ構成について解説します。

解説：岸 正也（有限会社アルファサラボ）

準備フェーズ

サービスサイトの構成

サービスサイトの種類はさまざまですが、ここでは開発をともなう、ある程度の規模の不動産情報や求人情報を提供する情報系サイトに焦点を絞っていきましょう。

まず、これらのサイトで重要なのは大量のデータを高速に検索できる仕組みです。現在SQLから検索しているなら、全文検索エンジンの「Elasticsearch」などの導入をおすすめします。

また、全体のインフラが現在、中規模サービスサイトのデファクトスタンダードのApache、またはNginx（Webサーバー）＋CakePHP（MVCフレームワーク）＋MySQL（RDB）という構成

の場合、そのまま最新版を利用するのも手です。一方で、MERNスタックなどと呼ばれるReactやAngular、Vue.js（フロントエンドフレームワーク）＋Node.js（JavaScript実行環境≒Webサーバー）＋Express（MVCフレームワーク）＋MongoDB（NoSQL DB）という、JavaScriptフルスタックでデータはオールjson構成もおすすめです 図1。構造がシンプルかつ、高速に動作します。

ECカートのおすすめ構成

ECサイトのリニューアルには、ECカートの選択が大きなテーマとなります。リニューアルの場合は、現状サイトからの商品や受発注データなど

図1 最近増えてきたMERNスタック構成

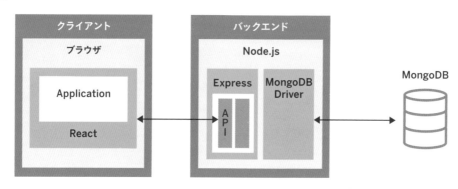

のマイグレーションが重要な課題になりますが、そこに引っ張られすぎて本意でないシステムを使い続けるのはおすすめできません。

また、ECカートにおいてフルカスタマイズはおすすめできません。決裁をともなうECカートはそれなりの開発工数がかかり、また高い信頼性も必要だからです。すでに大勢のユーザーに利用され、実践で改善を繰り返してきたサービスやパッケージを利用すべきです。

ショッピングモール

例えば、現在楽天市場で出店している場合、リニューアルとしてカートシステムを変更する以外に、Yahoo!ショッピングやAmazonなどに多店舗展開を行なうという手段もあります。それぞれのモールで顧客層が違うので、売上の増加が見込まれます。多店舗展開はそれぞれの管理画面を通じて店舗を管理しなければいけないのがネックですが、それを一元化してくれるツールがあります 図2 。

Cloud や ASP の EC カートサービス（小〜中規模）

ECカートサービスには、BASEやSTORES.jpのように無料で使用できるものから、MakeShopやFuture Shop2のように高機能なものまで存在

します。サーバーサイドの開発は基本的にできません。多くの場合はこれらのサービスと、次に紹介するオープンソースのEC-Cubeを利用したECサイト構築の2択になるでしょう。自由度では後述するEC-Cubeを利用したサイト構築に劣りますが、メンテナンス性やサポートなどにはECカートサービス利用に一日の長があります。

EC-Cube

日本発、オープンソースのECカートシステムです。EC-Cubeは無料で利用できますが、現在は料金のみで考えると、むしろ無料のECカートサービスのほうがおすすめです。EC-Cubeはオープンソースの強みを活かし、自由度の高いECサイトを開発・構築する際に使用することがほとんどです。可用性の高いインフラ上に分散して構築することも容易なので、EC-Cubeで大規模ECサイトを構築する例も多数あります。ただし、コア部分を変更するとアップデートへの対応が難しくなりますので、できるだけテンプレート開発やプラグイン開発で対応してください。

大規模 EC サイト

会員数100万人以上、数十万件以上の商品点数、さらには実店舗連携や越境EC、大規模BtoBなどのニーズに対応するには、実績のある開発可能な大規模EC向けパッケージと独自機能開発との組み合わせで対応します。大規模EC向けパッケージはecbeingやebisumartなどが該当します。開発は利用パッケージの実績が高いベンダーを利用するとよいでしょう。

CHAPTER 2

図2 多店舗展開の管理で業務効率化を実現するネクストエンジン

https://next-engine.net

外部サービス・ツールの利用

Webサイトをマーケティングツールとして利用するための、さまざまな外部サービスが存在します。フルスクラッチでは実現の難しい、そして効果の高い外部サービス・ツールを4つ取り上げてみました。

解説：岸 正也（有限会社アルファサラボ）

効果の高い外部サービス・ツール

Webサイトをマーケティングツールとして利用するための外部サービスやツールのうち、特に効果の高いものを紹介します。

Google タグマネージャー

略称でGTMと呼ばれるGoogle タグマネージャーは、リニューアル前のWebサイトにGoogle Analyticsや各種CVタグをHTMLに直接埋め込んでいる場合は、必ず導入してほしい無料のツールです 図1 。

HTTLの細かい設定方法は次節で説明しますが、HTMLファイルを変更せずにタグを挿入することが可能です（セキュリティ上の理由などの制限はあります）。毎回制作会社などに依頼していたタグ挿入の依頼作業を、仕組みを理解すれば社内の誰でもできるようになるので、作業の大幅な効率化と煩雑になりがちなタグの一元管理を、同時に実現できます。またGoogle タグマネージャーは非同期でタグを読み込むので、Webサイトの高速化をサポートします。手軽にA／Bテストを実現するGoogle Optimizeなども導入可能です。ただし、プリセットのタグ以外の保証はありませんので、必要に応じてYahoo! タグマネージャーやAdobe Launchを併用することをおすすめします。

図1 Google タグマネージャー

さまざまなタグがデフォルトで利用可能

図2 メール配信サービス　SendGrid

https://sendgrid.kke.co.jp/

SendGrid

SendGridは全世界で利用されているメール配信サービスです 図2 。問い合わせや資料請求などのメールアドレスや、営業で入手したメールアドレスをセキュアに管理し、メールマガジン配信や個別のメール対応を一元管理することが可能です。

店舗・施設検索サービス

実店舗や施設が全国に点在する場合、店舗・施設検索の外部Webサービスを利用することをおすすめします。主な理由は、路線を例にとると常に新駅や廃線など変化が起こるため、フルスクラッチで作成した場合、アップデートリスクが常に存在するためです。APIで最新の路線や地図を提供するサービスも存在しますが、かなり高額です。Google Maps APIも2020年3月現在、電車の路線検索には対応していません。

多くの店舗・施設検索サービスは作成するWebサイトのイメージに合わせて店舗・施設の詳細ページをカスタマイズできます。また、店舗側にアカウントを発行することで、営業時間や問い合わせ先、店舗・施設概要などを各店舗・施設の担当者が個別に更新を行なうことができるサービスも存在します。ゼンリンやナビタイムジャパンなど、Web上でMapサービスを展開している

会社のサービスは信頼性が高いといえるでしょう 図3 。

チャットボット

おそらく現行のWebサイトを制作した時点では、以下のような流れで問題なく来訪者を次のステージに引き上げることができたでしょう。

① Webサイト来訪者にサービスや商品に関する疑問点があれば、問い合わせフォームより問い合わせ

② 問い合わせを受けたWeb担当者が担当部署に確認の上、一両日中に回答

③ 回答に合わせたアクションを来訪者が行なう

現在は、来訪者が複数の競合サイトに同時に問い合わせることも多く、回答のスピードが求められます。特に英語圏のように24時間カスタマーサポートが難しい日本語は、その対策として人力以外の方法が求められます。そこでテクノロジーの進化により登場したチャットボットがその役割を担うことができます。この場合、いわゆるAIはユーザーの会話のゆらぎなどをキャッチするために利用し、基本的にはシナリオベースでの対応になります。対応が難しい場合にはオペレーターにつなぎます。

チャットボットに組み込むシナリオやオペレーター次第では、来訪者の疑問を短時間で解決し、次のステージへと容易に引き上げることも可能になるのです。ただし逆のこともいえます。チャットボットがまともに利用できないとユーザーの満足度は下がり、そのWebサイト自体の信頼性を揺るがすことにもなりかねません。実践で鍛えていく側面もありますが、チャットボットは品質をある程度担保してからの公開がおすすめです。

図3 ナビタイムジャパンの店舗案内ASPサービス

http://asp-pr.navitime.co.jp/shopsearch/

CHAPTER 2

リニューアルにおける
サイト情報設計のポイント

サイトの情報設計をゼロベースで見直せるタイミングは、リニューアルしかありません。この機会を
逃さないようにしましょう。

解説：岸 正也（有限会社アルファサラボ）

準備フェーズ

サイトの情報設計

　サイト情報設計とは、Webサイトの訪問者に「どんな情報を」「どんな順番で」伝えたいかを設計することです。さらに、情報が正しく伝わった結果、訪問者に「どんな行動を期待するか」までを明確にしておくことも重要です。例えば、キャンペーンサイトであれば、「キャンペーンの情報を提示する」→「キャンペーンの内容を理解する」→「キャンペーンに応募する」という流れになります。この流れの中で、キャンペーンの内容を理解できないユーザーや、理解できても興味を持たない来訪者も大勢います。それらの来訪者をできるだけ減らすのが、情報設計のキモになりま

す。ワイヤーフレームもSEOも、この流れを補強するためのツールでしかありません。その上でWebサイトとしての体裁を整えるには、大きく区分して以下の3つの視点から情報を設計する必要があります。

* ページ構成の設計（サイトマップ）
* ページ内部の情報設計
* メタレベルの情報設計（CHAPTER3で解説）

ページの構成設計（サイトマップ）

　ページの構成設計とは、Webページ間をハイパーリンク形式やページ内検索でつなぎ合わせるWebサイト全体の構成を指します。複雑なサイト構成はユーザーにとっても、制作者にとっても

図1 Webサイトのページ構成

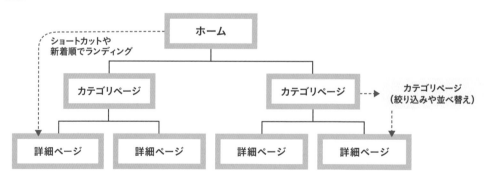

ページの増大と構成要素の複雑化により、さまざまな補助ナビゲーションが存在しても、必ずツリー構造は保つ

利点はありません。基本は 図1 のようなツリー構造を心がけてください。正しく設計できているかどうかは下記に示す3つのチェックポイントを確認しましょう。

- ホーム＞カテゴリページ＞詳細ページの構成になっている
- 必ず1つの親ページが存在する
- 同じ内容で、URL やパンくずリストの異なるページが存在しない

数万ページ存在する複雑な構造に見えるケースでも、優れた Web サイトは必ずツリー構造を保っています。これはユーザーが最下層のページにランディングした際に、1つ上の階層に遷移して同一カテゴリの商品やサービスを探索するという情報ニーズに応えるためのもので、SEO の観点からも Google はツリー構造を推奨しています。

ページ内部の情報設計

ページ内部の情報設計を検討するには、そのページのユーザーストーリー、つまり、「何を認知させ、どんな行動を期待するか」を考えましょう。検討段階で大きな枠組みで考えてきたカスタマージャーニーなどのストーリーを、ページ単位で検討するのです。例えば求人サイトでは、次のような簡単なシナリオを用意するとよいでしょう。

- ホーム：
  なるべく早く地域別の下層に誘導し、おすすめの求人にはショートカットでランディングさせる。
- カテゴリページ（例：東京都の求人一覧）：
  ユーザーの選択を容易にするために、最適な情報を最低限提示したい。また、選択肢が多すぎて選べないユーザーのためにフィルタや並べ替えも用意する。
- 詳細ページ（例：工場でのアルバイト）：
  まずファーストビューで求人の概要を提示して応募を促したい。もしまだ納得していないのであれば、さらなる詳細情報を提示して背中を押す。それでも応募にいたらない場合は、同じ地域の求人を提示し、それでもだめならいったん応募を諦めてメールアドレスによる登録を促したい。

ページの情報設計はどんな場合も、ストーリーをベースに、その後構成要素をマークアップレベルまで落とし込み、ワイヤーフレームと呼ばれる情報構造の設計書で大きさを加味した配置に落とします 図2 。

CHAPTER 2

図2 **ストーリーからワイヤーフレームへ**

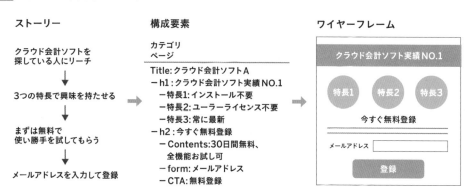

情報設計から
ページデザインへの流れ

Webサイトのデザインは目に見えやすいため、さまざまな意見が飛び交います。ここでは情報設計にビジュアル要素を加えて、ページデザインへと落とし込む手順を説明します。

解説：岸 正也（有限会社アルファサラボ）

準備フェーズ

情報設計とビジュアル設計の関係

多くの方が「Webサイトのデザイン」と呼んでいるものは、専門的な見地からは「機能パターン」と「認知パターン」に切り分けられます。Webページのデザインはこの2つのパターンの組み合わせで成り立っています。

しかし、ページのデザインを見て、機能パターンと認知パターンを切り分けて考え、それぞれを的確に評価するのは、専門家でなければできません。それゆえ、実際には情報構造の問題でも、「なんかイメージと違う」などといった言葉で評価が下されるわけです 図1。

ページデザインを決める場合によくある流れは、Photoshopなどのグラフィックツールでページ

のワイヤーフレームをビジュアル化した画像を作成し、その画像でデザインの良し悪しを判断します。

特定のページ、例えばトップページをビジュアル化したページの画像を見て、「ユーザーの導線が担保されているか」という機能パターンの問題と、「自社のイメージに合致し、明るく、顧客にプラスの印象を与えるものになっているか」という認知パターンの問題を、同時に評価しなければならず、判断が難しくなります。

こうした事態を避けるには、認知パターンを別に用意して、それ単体で評価してもらうやり方が理想です。前節で作成したようなワイヤーフレームとは別に、サイトで表現したいイメージをビジュアル化します。写真やイラスト、ブランドのデザインガイドなどを利用してイメージを共有し、固

図1 評価軸が複数存在する案の例

写真は右だけど、
レイアウトは左、
色は右かな…

評価軸が「見た目から受ける印象」「情報構造」「使いやすさ」など複数に渡るため、比較ができない

めるのもよいでしょう。このときに、ボタンやナビゲーションなどの操作や情報に関するもの、つまり機能パターンに関するものは判断の邪魔になるので不要です。

全体のイメージを共有し、合意・承認を得られたら、そのイメージをワイヤーフレームに当てはめて、ページのデザインやエレメントを完成させることができます。たとえ認知パターンの作成が工数的に難しい場合でも、ホームのビジュアルデザインA案「青色メインカラーの3カラムバージョン」とB案「赤色の1カラムバージョン」という評価軸が複数存在する2種類の案を作成し、投票で決定するようなことは避けましょう。

UIパーツや背景に
不必要な装飾をしない

次に、ページデザインで気をつけたいポイントを解説します。Webサイトは商品画像や利用シーンの画像など、コンテンツがもっとも目立つデザインにすることを意識しましょう 図2。数あるUIパーツのなかでコンテンツより目立つべきは、CTA（コール トゥ アクション）と呼ばれる、ユーザーを購入などの具体的な行動に導くボタンやリンクのみです。企業や組織のイメージをWebサイトで表現するには次の2点を意識しましょう。

① メインカラー＋無彩色（白、グレー、黒）の2色で構成された各種エレメント：

この組み合わせでWebサイトの色彩設計を行なうと、メインカラーのイメージを印象づけられます。色をプラスしたい場合は、メインカラーの明度（色の明るさ）を抑えたサブカラーを加えます。

② 商品画像や利用シーンの画像、イラストや図などに一貫性を持ったガイドライン：
写真の色使い、イラストや図なども一貫性を持たせましょう。①で決めたメインカラーと合わない写真や図版の色彩はWebサイトの雰囲気を壊します。例えば寒色のみで色彩設計されたWebサイトに、赤やオレンジを多用したイラストや図はふさわしくありません。支給された写真や図をそのまま利用するのはやめましょう。

上から順に
重要なものを配置する

PCサイトにおいて、ファーストビューに重要なCTAを配置したいという意図から、看板画像の右にCTAを配置するようなWebサイトもありますが、これは逆効果です。Webサイトは上から下への視点移動が基本のため、左右にはなかなか意識が向かないものです。図3のソフトバンクのホームのように、エレメントをブロック化して、同じ粒度の情報を重要度が高い順に配置しましょう。特にホームはPCサイトでも1カラムが好まれ、見落としが少なくなります。

図2 コンテンツがもっとも目立つよう作られたWebサイトの例

コーポレートカラーや写真の色と合わせてUIを構成
青山ケンネル：https://aoyamakennel.com

図3 ホームが1カラムで配置されたWebサイトの例

エレメントをブロック化して重要度が高い順に配置
ソフトバンク：https://www.softbank.jp/

情報設計とビジュアル①
ホーム

Webサイトの汎用的な情報設計とビジュアルをホーム、カテゴリページ、詳細ページの順に見ていきましょう。まずはホームからです。

解説：岸 正也（有限会社アルファサラボ）

準備フェーズ

ホームの情報設計

　ホーム（トップページ）はWebサイトの入り口です。例えば建築物は、建物の入り口が外からわかりやすいよう目立つようにできており、入り口付近には案内板や受付など案内のための設備があります。Webサイトは建築物とは違い、どのページにも直接ランディングすることができますが、ユーザーにはホームが入り口という認識があることは間違いありません。以前は検索エンジンの検索結果からホームにランディングさせる傾向にありました。現在はページ解析技術の進歩により、ホームにランディングするケースは、次のような目的の場合に絞られてきました。

① あるWebサービスの名称を知り、使ってみたくなった、知りたくなった
② 商品販売元の企業確認、競合調査などのビジネス、就職活動、その他の理由で企業や団体の概要を知りたくなった

図1 ホームの汎用ワイヤーフレーム

ヘッダーエリア（全画面共通）	ロゴ、検索やログインなどの重要な機能、グローバルナビゲーションで構成する
看板画像	高さを400pxほど、横は100％利用して、今一番伝えたいキャンペーンや新製品、展示会などの告知を行なう
フィーチャーエリア	会社やサービスの特長を3点程度記載する。このエリアまでをファーストビューに収まるようにするとよい
ダイレクトリンク	特に見てもらいたいカテゴリや商品・サービスを写真と文章つきで載せる。BtoBであれば事例を載せてもよい
目的別ナビゲーション	ツリー構造を体現したグローバルナビゲーションとは違う切り口で、コンテンツ体系を分類し、目的別のナビゲーションを配置する
ニュース＆リリース	ニュースやお知らせ、プレスリリースなどを時系列降順で表示する
フッターナビゲーション（全画面共通）	プライバシーポリシーなど、すべてに共通の内容だがヘッダーエリアに表示するほどではないものを配置する。第二〜第三階層までの全リンクをサイトマップのような形でフッターナビゲーションとして表示してもよい。写真はアイキャッチにもなり、クリック率の向上も見込めるため、できる限り入れたい

③ 株などの投資先として、その企業の魅力を知りたくなった

　このような目的の場合、Webサービス名、企業名、組織名などを来訪者が指名、つまりGoogleやYahoo!からの名称検索経由でホームに来訪します。それらの来訪者はわざわざ名称を検索するという積極的な行動をしているため、ほかの来訪者よりも見込み客になる可能性が高いのです。そこで「わざわざ当社のWebサイトまで足を運んでくれたお客様」を、どのようにホームでおもてなしができるかを情報設計に落とし込んで考えてみます。

　図1 にコーポレートサイトなどで利用できる汎用のホームワイヤーを提示しました。上から順番に確認していきましょう。

ホームのレイアウトとビジュアル

　情報設計が決まったら、レイアウトとビジュアル作成に進みます。その過程では最低限、次のポイントを押さえましょう。

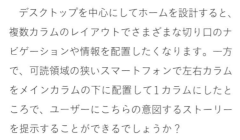

スマートフォンでもデスクトップでも同じ情報を、同じレベルのユーザビリティで提供しましょう。

　デスクトップを中心にしてホームを設計すると、複数カラムのレイアウトでさまざまな切り口のナビゲーションや情報を配置したくなります。一方で、可読領域の狭いスマートフォンで左右カラムをメインカラムの下に配置して1カラムにしたところで、ユーザーにこちらの意図するストーリーを提示することができるでしょうか？

　特に情報が多様化しがちなホームではデスクトップのレイアウトも1カラムで作成し、マッチするユーザーが多いものから順に配置しましょう 図2 。ファーストビューに重要なCTA（登録や資料請求などのボタン）を配置したいときに看板画像の右にCTAを配置するケースがありますが、これも逆効果です。スマートフォンは当然として、デスクトップでも上から下への視点移動が基本で、左右はなかなか意識が向かないためです。

図2 汎用のホームワイヤー（デスクトップ）

ブロックごとにエレメントを配置していく

情報設計とビジュアル②
カテゴリページ

Webサイトの情報量は、リニューアル以前に比べてかなり増えていることが予想されます。来訪者の目的に応じて正しく誘導できるように、カテゴリページを設計しましょう。

解説：岸 正也（有限会社アルファサラボ）

準備フェーズ

目的のページへ誘導する
カテゴリページ

カテゴリページとは、詳細ページを分類し、来訪者を目的の詳細ページに導くページのことです。例えば、会社案内であれば「企業概要」「企業理念」「沿革」、デジタル一眼レフカメラのページであれば、カメラの各機種が並びます。パターンを定義するなら、カテゴリページに提示されている詳細ページ群の絞り込みや並び替えを行なう必要があるかどうかで、レイアウトが大きく変わってくるといえます。

絞り込みや並び替えを必要としないカテゴリページとは、選択肢となる詳細ページの数が少なく、今後も極端な増減は考えられないような場合です 図1 。絞り込みや並び替えが必要なカテゴリページとは、選択肢が10個を超え、かつユーザーの選択行動にページで表示されている指針以外の指針が必要な場合となります 図2 。

商品のツリー構造が明確な場合は、サブカテゴリを設けて「デジタルカメラ」―「デジタル一眼レフカメラ」のように2段階にしても問題ありません。以前は「ホームから3クリック以内で商品に到達する」というルールがよく語られていましたが、今はそれよりも目的のものに向かって明確に進んでいるという感じを演出できたほうがよいと考えられています。SEO的にもサブカテゴリで細かく分類されていたほうが、そのサブカテゴリに対しての上位表示を見込むことが可能です。

図1 国際動物専門学校の「入学の案内」ページ

絞り込みや並び替えの必要がないカテゴリページ
https://tokyo.iac.ac.jp

図2 ソラジョブ医療事務のカテゴリページ

絞り込み機能が備わったカテゴリページ
https://solasto-career.com

カテゴリページ制作のポイント

　カテゴリページで重要なのは、そのカテゴリの
オリジナル性です。図2 のように絞り込み機能を
持ち、多数の詳細ページを提示しているページで
も、固有のリード文を入れる必要があります。ま
た、詳細ページを表す各リンクにはできる限りサ
ムネール写真も入れます。アイキャッチとなりク
リックを促すことができるためです。各リンクに
はリンク先の詳細ページが「クリックすべきかど
うか」、来訪者が判断できるような、あるいはほ
かの詳細ページと比較できるような情報を最小限
入れてください。

表示する詳細ページが多い場合のポイント

　カテゴリページ内で表示する詳細ページが多い
場合は、前述したように選択肢となる詳細ページ
の絞り込みや並び替えなどの特別な配慮が必要で
す。以下にポイントを列挙します。

1ページの表示件数は
30件以内にする

　1ページに表示する件数は、変更できる場合を
除き30件が限度です。30件を超える場合にはペー
ジネーションのナビゲーションをつけましょう。

絞り込み要素は
必要なものを表示する

　絞り込み要素は多くなりがちですが、すべて表
示することに意味があるもの。例えば東京都の市
区町村以外などの、「○○以外」は4〜5件に抑え
たほうが選択しやすくなります。それ以上になる
場合には「もっと見る」などを使いましょう。

絞り込み操作の確定前に
件数を表示する

　絞り込みは絞り込み操作の確定前に件数が表示
されるようにしましょう 図3 。絞り込み後の結果
がゼロ件の場合、来訪者の満足度は著しく低下し
ます。

絞り込み／並び替えの
UIの配置を工夫する

　絞り込みや並び替えのUIはデスクトップの場
合はカラムを分けて配置できます 図3 。スマート
フォンの場合、例えばタイトル直下に絞り込み機
能を配置すると、メインで来訪者に提示したい詳
細ページの選択肢の表示を阻害してしまいます。
フィルタや並び替え機能があることを明示するか、
現在選択されている要素だけを表示し、全画面の
モーダルウィンドウで選択させるようにしましょ
う 図4 。

図4 スマートフォン版マイナビ転職のカテゴリページ

図3 マイナビ転職の求人検索ページ

絞り込みボタンを押す前に絞り込み件数を把握できる
https://tenshoku.mynavi.jp

絞り込み機能がコンパクトにまとめられている
https://tenshoku.mynavi.jp

情報設計とビジュアル③
詳細ページ

サイトのリニューアル時には、ホームのデザインやカテゴリページの機能に意識が向きがちですが、
来訪者は詳細ページを見にきていることを忘れないでください。

解説：岸 正也（有限会社アルファサラボ）

準備フェーズ

詳細ページから具体的な行動に移る

　詳細ページとは、来訪者に実際に理解してほしい情報を提示し、その上で何かしらの行動に移ってもらうためのページのことです。例えば「サービスを理解した上で会員登録を行なう」、「よさを理解した上で商品を購入する」、「時給の高さと立地で求人に応募する」など、「理解」ー「行動」という流れを意識する必要があります。ゆえに情報を理解してもらう努力をせずに、CTAの大きさを変えたり、色を変えたりしてもあまり意味はありません。詳細ページ単独で行動を促すことができなくても、「事例の記事を読んでサービス紹介ページに遷移する」など、最終的に行動を起こ

してもらうページに誘導することもあります。また「店舗で購入前にカロリーが知りたい」、「IRレポートを読んで業績がよかったので株を購入する」、「営業を受けたのでWebサイトを見て会社の信頼性を確認する」、「購入後、商品のメンテナンス方法を理解したので修理がうまくいった」など、オンラインで完結しないパターンも存在します。

詳細ページのタイプ

　詳細ページは「記事タイプ」と「製品・サービスページタイプ」に大別できます。
　記事タイプは「コラム」や「ニュース」「レポート」「会社概要」「よくある質問」などが該当しま

図1 詳細ページ構造上の変化

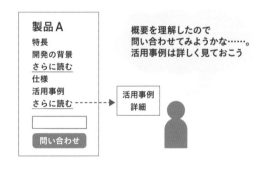

図2 ソフトバンクスマートフォンの詳細ページ

シンプルに基本情報とスペックで構成されている
https://www.softbank.jp/

す。記事ページでも記事の最後まで来た際に、次にどんな行動を取るべきかのナビゲーションを設置しましょう。例えば「次に読むべき記事」やオウンドメディアであれば「関連する製品」などのナビゲーションが望ましいといえます。

製品・サービスページタイプは少し複雑な構成になります。例として、自動車メーカーの各自動車の詳細ページを見てください。縦に長い、あたかもランディングページのような造りになっているのがわかるかと思います。従来の詳細ページはそれ自身がハブ的な役割として、さらに下層にある個別の情報に遷移させることが目的でしたが、現在は1ページですべての項目について6〜7割方の情報を掲示し、どうしても詳しく知りたい場合だけ、下層のページに誘導するようなタイプに変化しました。そうすることで、下層を回遊することなく次の行動に移ることができるのです 図1 。

製品・サービスページタイプの
詳細ページ作成のポイント

製品・サービスページタイプの詳細ページは、前述の「理解」－「行動」、また別の言い方をすれば、購買決定プロセスでいう「認知段階（商品を知る）」、「感情段階（興味を持つ、ほしいと思う」、「行動段階（購入する）」をすべて1ページで

完結させる必要があります。もちろん感情段階からスタートする来訪者も、行動を決めている来訪者もいるので、どの段階からスタートしても「行動」までスムーズに進んでもらうことも必要です。そのために制作時に配慮すべきポイントを以下に列挙します。

① まずはその製品やサービスの概要を認知して貰う必要があるため、ファーストビューで概要がわかるようにしてください。そのため、基本情報や製品写真を配置しましょう。いわゆるキャンペーンなどの看板画像はファーストビューより下に配置しても問題ありません 図2 。

② ファーストビューの下には「行動」＝CTAを置きましょう。概要を見て「行動」に移したい来訪者に最下部までスクロールさせるにはおよびません。CTAを上部や下部のバーとして固定してもかまいませんが、 図2 の下部のようにブロックの色を変えたほうが高さを十分にとれるため、認知されやすいといえます。

③ 多くの場合、②で説明したCTA以下のエリアには仕様やプライス、活用事例などが並びますが、その中で実名かつ写真つきで人に使用感や開発秘話などを語らせると信頼度が増し、好意的に受け止められることが多くなります。またSEO対策としても人に語らせることは有効です。

④ その製品やサービスが、「求めているジャンルだけれど、何か違う」と来訪者が感じた場合のナビゲーションを下部CTAの下に配置しましょう。下部まで見るということは興味の段階までは来ている可能性が高いので、 図3 のように別のオファーをするのです。

図3 SUUMOの物件情報ページ

そのページの物件情報に対して「行動」に移せなかった人に対する別のオファー
https://suumo.jp

CHAPTER 2

コーポレートサイトに おすすめのサイト構成

今も昔も企業の「顔」であり、時代とともにその役割が増してきたコーポレートサイト。いざ具体的に「何を載せようか?」、「KPIをどう設定するか?」を考えると迷ってしまうのも事実です。

解説:岸 正也(有限会社アルファサラボ)

準備フェーズ

コーポレートサイトの情報設計

数年前までコーポレートサイトの情報設計は、下記に示すようなコンテンツをメインに据えて、自社の商品やサービスの紹介は別途サイトを作成するのが主流でした。

- 紙のカタログの延長にある会社概要(事業概要や企業情報など)
- プレスリリースの配信
- CSR(企業の社会的責任)
- IR 情報(投資家向けの広報活動)
- 採用情報

現在もプロモーション的な商品・サービスブランドサイトは別ドメインを取得し、独自のトーン&マナーで作成する方向性に変わりはないといえます。その一方、コーポレートサイト上で同一の情報構造にもとづき製品・サービスを並列に見せるページは、以下の理由から必須といえます。

① ユーザーへの適切な情報提供
② (企業や団体という意味での)組織と情報構造を重視するGoogleへの対策
③ 会社の事業内容を知りたい求職者や株主(いわゆる事業概要では、何の会社かよくわからないことが多い)

図1 IBMのコーポレートサイト

AI関連の情報も基幹関連の情報も同一のフォーマットで閲覧可能
https://www.ibm.com/jp-ja

図2 日清食品グループのコーポレートサイト

コーポレートサイト配下の製品ページでは、すべての製品を共通フォーマットで閲覧できる
http://nissin.com/

ユーザーへの適切な情報提供とは、例えば「A社のB製品のアレルギー情報を知りたい」という情報探索ニーズがあったとします。もともとプロモーション目的で作成されたブランドサイトでは、目的の情報にたどり着くのは難しいでしょう。このようなケースでも、コーポレートサイトに共通の情報構造で全製品・サービスを集約することで目的の情報が探しやすくなり、ユーザーのニーズを満たすことができるのです 図1 図2。

ほかにも先に列挙したコンテンツの中で、IR情報（上場企業の場合）や採用情報は年々重要度が増しています。SEOの観点からドメインは分割すべきではありませんが、独自の情報設計およびルック（画面の見栄え）＆フィール（使いやすさ）を採用してもよいでしょう。IR情報では特に個人投資家や外国人投資家に向けて事業や成長性をわかりやすく説明し 図3、採用情報では社員の声などの、外部の採用サービスサイトで語りきれないコンテンツを掲載するとよいでしょう 図4。

オウンドメディアとしての
コーポレートサイト

Web戦略として、外部のWebメディアに企業の取り組みなどの掲載依頼を行なうことがあります。現在も短期間でターゲットにリーチする手法としては有効ですが、自社サイトの資産を増やし、信頼度を上げるという意味では、コーポレートサイトに記事を掲載するほうが有益です。SEO的な強み以外にも、メリットがあります。例えば、外部サービスサイトを利用して採用に応募する前に、その会社のコーポレートサイトに来訪して、会社の雰囲気や事業概要を調べるケースはよくあります。その際に、先進的な事業への取り組みや働き方改革などの記事が目に留まれば、会社への興味はより深くなる可能性が高いでしょう。

コーポレートサイトの
グローバルナビゲーション

一般的なBtoC企業のコーポレートサイトでは、ヘッダー部分のグローバルナビゲーションに「製品紹介」「お客様相談窓口」「企業情報」「IR情報」「採用情報」の5つを表示するとよいでしょう。BtoB企業の場合は製品・サービスと合わせて、ソリューションや事例などのカテゴリをグローバルナビゲーションに配置することもあります。

CHAPTER 2

図3 フィールズのIRサイト

IRサイト独自の設計を行ない、投資家へのユーザビリティを向上させている
https://www.fields.biz/ir/j/

図4 サイバーエージェントのコーポレートサイト

採用に関して、独自のコンテンツを数多く掲載している
https://www.cyberagent.co.jp

情報系サイトに
おすすめのサイト構成

ECとともにWebサイトの主力サービスとして位置づけられる情報系サイトの情報設計は、どのような点に配慮すればよいのでしょうか。ここでは不動産情報サイトや求人サイトを例に考えてみます。

解説：岸 正也（有限会社アルファサラボ）

情報系サイトの定義

情報系サイトとひと口にいっても、以下に示すようにさまざまなタイプが存在します。

- ニュースサイト
- ソーシャルメディアなどのまとめサイト
- 特定の事象、プロジェクト、製品などに関する情報を集めたWebサイト
- 不動産・宿泊、求人、レシピ、レストランなどの情報を集めたWebサイト

これらの中から数千、数万ページのWebページを扱うWebサイトの例として、4つ目に挙げた「不動産・宿泊、求人、レシピ、レストランなどの情報を集めたWebサイト」を考察します。

特徴的な来訪者の行動

このタイプの昨今の傾向として、自然検索経由でも、リスティング広告経由でも、ホームにランディングさせることはほとんどありません。特にWebサイトが機能して、ある程度のトラフィックを集められるようになると、ホームから流入する来訪者が5％を切るようなケースが一般的だといえます。例えばGoogleで「バイト　高給」と検索してみてください。アルバイト情報サイトのホームではなく、住所またはアクセスした近隣の地域の高給のアルバイト・バイト求人情報のカテゴリページが表示されることでしょう。Googleがユーザー属性やデバイスの位置情報から、地域属性も含めた検索結果を返しているためです。同様に、結果の上部に表示されているリスティング広告も、住んでいる地域のカテゴリページが表示されているはずです。

次に「レシピ　おすすめ」で検索してみましょう。ここでもいわゆるレシピサイトのホームが並ぶことはなく、「夕飯に迷ったら！　おすすめのおかずレシピ20選」といったタイプの記事が多く表示されるのに気づくことでしょう。来訪者は記事を一読したあと、気に入ったレシピがあれば情報が掲載されている詳細ページに遷移します。

このことから、このタイプの情報サイトをリニューアルする際に一番考えてほしいのは以下の2点です。

- 情報サイトはカテゴリページが重要
- 情報サイトでも、オウンドのコンテンツを積極的に作成していく

情報サイト制作のポイント

引き続き「不動産・宿泊、求人、レシピ、レストランなどの情報を集めたWebサイト」の制作のポイントを解説します。大量のページを扱う場

合に当てははまるケースが多いので、ECサイトな
どを構築する場合も確認しておいてください。

リニューアルのタイミングで、カテゴリページと詳細ページの掲載情報の見直しを

来訪者が本当にほしい情報や、「行動」の決め手になる情報は何なのかを考え、取捨選択と配置、表示のサイズなどを再度検討します。例えばカテゴリページで、肉料理／ハンバーグ／というカテゴリ構成になっている場合、ハンバーグは肉料理の部分集合となるため、ユーザーに対しても検索エンジンに対してもハンバーグを強くアピールすることはできません。

カテゴリページの情報は最小限に

カテゴリページには、詳細ページに誘導するための差別化要素となるものだけを吟味して掲載します。多すぎる情報はユーザーの判断を遅らせます。例えばホテル予約サイトであれば、カテゴリページのホテル1件あたりの情報量を減らせば、来訪者はより多くのホテルの情報を知ることができるのです。ホテル予約サイト「トリバゴ」のカテゴリページではホテル名称、評価、外観、価格がコンパクトにまとめられており、スマートフォンでも見やすい情報構成になっていることがわかります 図1 。現状、大量の特長アイコンを表示しているようなWebサイトは、一覧で表示される

情報を最低限に絞ることを推奨します。

ある程度絞り込まれた状態で詳細ページ一覧を掲載したカテゴリページを表示

例えば、東京都のアルバイト情報が数千件ある場合、東京都のアルバイト一覧を表示することに意味はありません。来訪者は必ず絞り込みしなければならず、さらにGoogleなどの検索結果に東京都の一覧が掲載された場合、ひとつ下の世田谷区、港区などが掲載されない可能性もあります。ただし、階層構造として東京都のカテゴリページは必要です。その場合、「地域から選ぶ」「路線から選ぶ」などの絞り込み機能をメインにしたページ構成にするとよいでしょう。

構造化データマークアップの利用

構造化データマークアップとは、例えばレシピサイトであれば「肉じゃがのページ、カロリーは200kcal、調理時間20分」、求人サイトであれば「スーパーマーケットのレジ係、時給1050円」といった情報を定義して、Webサイトに埋め込むことを指します。検索エンジンなどがその内容を読み取り、ページ内容の把握に活かしたり、特別な形式で表示したりするわけです 図2 。定義はSchema.orgにある「ボキャブラリ」を利用します。実装方法はGoogleのヘルプを確認するとよいでしょう。

図1 ホテル予約サイト「トリバゴ」のカテゴリページ

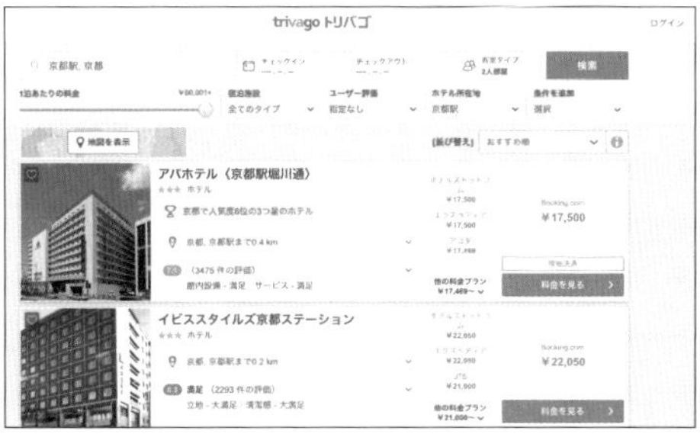

わかりやすく、PWAを利用した高速動作のUIが魅力

図2 Googleでの「肉じゃが レシピ」の検索結果

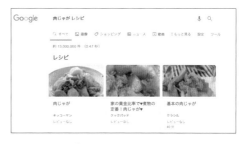

レシピの構造化データを埋め込むと最上位に画像つきで表示される

リニューアルに必要なドキュメント

ドキュメントを作ることを目標にするのは本末転倒ですが、適切なドキュメントを効率よく作成することで、要件の整理から合意形成、運用時の確認まで多くのシーンで利用することができます。

解説：岸 正也（有限会社アルファサラボ）

準備フェーズ

リニューアルに必要なドキュメント類

リニューアルに必要なドキュメント類を考えてみます。ここで取り上げるドキュメント類とは、「プロジェクトを進める上で必要なもの」、制作時に必要となる「設計書」、運用時に必要となる「運用ガイド」の3つに大別されます。

プロジェクトを進める上で必要なもの

プロジェクトを進める上では、以下に示すようなドキュメントを作成する必要があります。ここでは契約関連のドキュメントや連絡用のツールは除きます。

① MTGアジェンダ：事前配布が望ましいといえます。
② 議事録：定例会の議事録です。決定事項および次回のアクションプランを記載します。
③ マインドマップ、カスタマージャーニーマップ、シナリオ、UIラフスケッチなど：いきなりサイトマップやワイヤーフレームに落とすのは適切ではありません。ドキュメントというより仕様を固めるためのツールとしてこれらを上手に利用してください。
④ 企画書：ベンダーが提出した、もしくは予算確保時のものをそのまま使うのではなく、ター

ゲットユーザーやKPIなどを定めた企画書を会議の中でアップデートしていきましょう。
⑤ スケジュール、進捗管理表：タスクベースのスケジュール表に進捗を書き込んでいくのがわかりやすいです。
⑥ 課題管理票：Excelなどのスプレッドシートでプロジェクトで発生した課題を管理します 図1 。Backlogなどのオンラインツールで代用することも可能です。

設計書

MVCモデルのフレームワークを利用するようなシステム開発寄りのWebサイトであれば、設計書はシステム開発の流儀に従うべきです。ここではCMS＋オリジナルフォーム、検索などアドオン機能開発のコーポレートサイトを想定して話を進めていきます。

・Webサイトリニューアル基本設計書

主な内容は以下の通りです。

- Webサイトの概要や目的（KPIなど）
- デザインのトーン＆マナー（あらかじめ決まっているもの、もしくは方向性）
- 主な画面一覧
- CMSの種別

- 更新フロー図
- 機能一覧
- サーバー構成図、ミドルウェアの種類とバージョン

・ワイヤーフレーム

以前は画面遷移図をPowerPointやVisioなどのツールで作成していましたが、最近はSketchやAdobe XDなどで作成し、そのままデザインまで進めるケースが増えてきました。完成画面の途中段階という位置づけなので、機能や制作時のコメントを書き込んだりしていなければ、あとに残す必要はありません。

・サイトマップ・ディレクトリマップ

視認性や再利用などの点で、GoogleスプレッドシートまたはExcelで作成するのがおすすめです。リソースの管理や制作の進捗確認などにも利用可能です。運用フェーズでも利用します。

・項目定義書

ページ内の情報設計をドキュメント化したものです 図2 。例えば、「詳細ページの商品金額の部分はデータベースのこの箇所を参照する」などを記載します。あとから見直す可能性が高いので必ず作成しましょう。

・機能開発設計書

CMSのプラグイン開発などのシステム開発が入る場合には最低限、次のものは用意しましょう。

- 概要設計書
- 画面遷移図
- データベース定義書

また、オープンソースのCMSのコアを変更する場合は必ずドキュメントを残してください。

・デザインガイドライン、コンテンツガイドライン

基本デザインや情報構成が決まったら、CMSのテンプレート作成やコンテンツ作成に必要なガイドラインを作成します。レイアウトパーツの推奨する利用方法、コンテンツガイドラインであれば各ブロックの最低文字数や見本の文章など、「それを見ながら具体的に制作できるもの」が必要です。

運用ガイド

運用のタイミングになると制作者が離れることも多く、また時が経つにつれ仕様を頭で理解している関係者も少なくなりますので、運用に必要な手順やナレッジはドキュメント化しておきましょう。

・コンテンツ投入ガイドライン

CMSの利用方法、画像の加工方法、承認フローのルールなどを記載します。

・コンテンツ作成者 FAQ

CMSを利用したコンテンツ作成者からの質問を集めたFAQを作ると、サポート効率やコンテンツ作成者の作業効率が向上します。

図1 **課題管理票の例**

A	B	C	D	E	F
	サンプルを参考に入力してください。				※優先順位
No.	起票者	発生日	完了日	画面・URL	優先順位
3	早川	2018/9/14	2018/10/16		
4	早川	2018/9/18	2018/10/16		
5	早川	2018/9/18	2018/10/16		
6	早川	2018/9/18	2018/10/3	CGIコード内	

図2 **項目定義書の例**

A 項番	B 表示項目Level1	C 表示項目Level2	D 表示項目Level3
1	共通ヘッダ		
2	検索キーワード+固定文言		
3	一覧用検索絞り込みブロック		
4	並び替え		
5	条件保存ボタン		
6	検索数		
7	物件ブロック		
8		物件	

プロジェクトの進め方

文：岸 正也（有限会社アルファサラボ）

準備フェーズ

──プロジェクトをきっちり組み立てても、うまくいかない。そんなときはどうすればよいのでしょうか？

クリティカルパスを作らない

プロジェクトマネジメントは実際のところ、なかなか思い通りにはいかないものです。回避する方法は先に触れた通り、とにかくクリティカルパスを作らないことにつきます。

クリティカルパスを作ると「作業Aができていないから、作業Bが始められない」という状況が高確率で発生します。そこで、作業Aの担当者に話を聞くと、「○○の情報が足りないからできない」といった回答が返ってくる……こうした経験をされている方も多いでしょう。

この例でいう作業Aの担当者のように、必要な情報が不足していて作業が進められないとき、その場で作業をストップする人もいれば、細かく質問する人、仮説で進める人、社内外から自力で情報を探し出して解決する人など、対応はさまざまです 図1 。

パラレルで進められる
作業の境界線を見つける

結局は一人ひとりに応じたケアをしていかないと先に進まないケースが必ず発生します。しかし、それに時間を割かれ、ほかが滞っては元も子もありません。できるだけパラレルで作業できる境界線を見つけましょう。どんな作業にも、ほかの作業が影響しない範囲が存在するはずです。

例えば、入力項目が揃っていなければフォームは作成できませんが、バリデーション（制限文字数や型など）のドキュメントが完全に揃っていなくても作業を進めることは可能です。

ただし、こうしたケースでは、結果「とりあえず動いていればいい」という状態になり、ローンチ後も手つかずになることが多いもの。そのままにせず、最後までに必ず適切に対処しましょう。

セキュリティに関わる箇所は別ですが、グレーゾーンが埋まらず、なかなか作業が進まない機能は、必須でない限りセカンドフェーズに回すのもひとつの策です。

図1 必要な情報が足りない場合、動きや感情は人それぞれ

タスクに必要な仕様が足りないとき、あなたはどのタイプ？

怒る　　自説で進める　　忘れる　　聞きまくる　　弱気になる

‣ **CHAPTER 3**

設計フェーズ

_____

設計フェーズで再検討しておきたい点や導入しておきたいツールを見ていきます。解析に必要となる各種のタグなどもこの段階で見直し、公開後の効果検証に備えましょう。

head要素の見直し

head要素はサイトに表示されるものではありませんが、「そのページを知ってもらう」、「そのページに来てもらう」という、マーケティング戦略のファーストステップで大きな役割を果たします。

解説：岸 正也（有限会社アルファサラボ）

ページ自身の情報を伝える
head要素

HTMLのhead要素は、メタデータと呼ばれるWebページ自身の付帯情報を、コンピューター（ブラウザや検索エンジンのクローラー、Webサーバーなど）に伝えるためのものです。head要素はファイルの種類、文字コード、ページの概要など、さまざまなメタデータから構成されます。

HTMLのbody要素の中身はブラウザ上に表示され、人間の目にも触れるものであるのに対し、head要素はごく一部を除きブラウザ上に表示されないため、通常人の目には触れません。

では、なぜリニューアル時にhead要素の見直しが必要かというと、head要素はページ自身の情報を外部のサイトやサービスに伝える重要な手段だからです。ページの内容はhead要素から組み立てるべきと言っても過言ではありません。

検索エンジン経由の
訪問にも影響する

Webの標準化団体は「標準メタデータ名」という名称で、利用できるメタ情報を定義しています。その1つである「meta description（メタディスクリプション）」は、ページの概要を短い文章で示すもので、主に検索エンジンのクローラーに利用されます。

このmeta description内の文言がサイトの全

図1 meta descriptionによる検索エンジンの表示イメージ

検索結果

A 製品 ／ 有限会社アルファサラボ
2020/05/29 - A製品のページです。有限会社アルファサラボ

B 製品 ／ 有限会社アルファサラボ
2020/05/29 - B製品のページです。有限会社アルファサラボ

C 製品 ／ 有限会社アルファサラボ
2020/05/29 - C製品のページです。有限会社アルファサラボ

D 製品 ／ 有限会社アルファサラボ
2020/05/29 - D製品のページです。有限会社アルファサラボ

このような自動生成でなく、自身の手で最適な文言を入れたほうが検索エンジンのクリック率が高まる

図2 Twitterカード

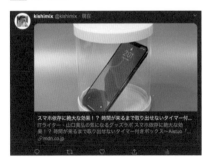

Twitterでシェアするサイトの情報を大きな領域で表示してくれる。4種類のカードタイプから選べる

ページでほぼ同一だとしたら、検索結果の一覧に表示されても、ユーザーはどのページを訪ねればいいのかわかりません 図1 。重複を避けるだけではなく、ページ概要がわかりやすく伝わる、ユーザーに来訪してもらいやすいmeta descriptionの中身を考えなければなりません。

head要素を再設計するポイント

head要素に入れるメタデータにはWebサーバーに情報を伝えるものなど、さまざまありますが、ここではユーザーの集客につながるものに絞って考察してみます。

title要素（<title>）

以前は、title要素の中身に「サイトの階層構造を示す」「キーワードを入れる」例が多く見られました。2020年3月現在では、Googleのクローラーはtitle要素よりもbody要素を圧倒的に重視しています。そのため、title要素はシンプルでわかりやすいものに変更しましょう。

コーポレートサイトであれば、「UXとマーケティングオートメーションに特化したWeb制作会社　有限会社アルファサラボ」ではなく、「Web制作会社　有限会社アルファサラボ」などがおすすめです。長すぎるものや意味がわからないものは、Googleが書き換えるためです。

<meta>のOGP要素

OGP（Open Graph Protocol）というのは、FacebookやTwitterなどのSNSでページがシェアされる際の、ページのタイトル・説明文・画像などを指定するものです。SNS全盛の現在では必須要素といえます。

TwitterではOGPとは別に「Twitterカード」というサイトの属性を設定すると、タイムライン上でシェアされたときに、サイトの情報がカード状に表示されます 図2 。

OGPの内容は変更できますが、一度シェアされたあとは、シェアしたユーザー自身が編集しないと古いOGP情報のままですので、最初の段階で十分な注意を払って設定しましょう 図3 。

構造化マークアップ

同じmeta要素（<meta>）のひとつに、構造化マークアップがあります。構造化マークアップをhead要素に入れないサイトも多いですが、利用するとWebサイトの内容をコンピュータにより具体的に伝えられるようになります 図4 。

例えば、飲食店の情報であれば、和食／中華などの料理のジャンルや、予約の受付状況などを決められた定義で記述することが可能です。

図3 シェアデバッガー

OGPの内容を確認したり、Facebookのキャッシュをクリアしたりしてくれる便利なツール。クリアしない場合はサイトを更新しても長時間シェアした内容が古いままになる
https://developers.facebook.com/tools/debug/

図4 Google しごと検索

構造化マークアップを推奨しているGoogle製の求人サービス。検索のユーザー属性と組み合わせて最適な求人を提示する

Googleタグマネージャーの設定

Webサイトのインフラとなるタグマネジメントツールは、一度設定するとあとから変更できない場合もあります。リニューアルのタイミングでよく検討し、見直すとよいでしょう。

解説：岸 正也（有限会社アルファサラボ）

設計フェーズ

サイト管理に必須のツール

現在のWebサイトは、アクセス解析や広告のトラッキング、A／Bテストなど用途に応じた「タグ」を埋め込む必要があります。同時に多くのタグをHTMLやCMSのテンプレートに入れ込む作業は、つどエンジニアの手を借りる必要があり、ミスも発生しがちです。

そこでタグマネジメントツールが活躍します。タグマネジメントツールとは、一度各ページに固定のタグを埋め込んでしまえば、非エンジニアでもオンライン上の管理コンソールから簡単に各種タグの追加、削除が可能になるものです 図1 。今のWebサイト管理には必須のアイテムともいえ

ます。リニューアルのタイミングで次のような手順が必要です。

① 現状埋め込まれているタグをチェックする
② 今後利用する予定のタグを洗い出す
③ タグマネジメントツールに移管する
④ トラッキングしたい範囲を確定する
　（例えば、複数の Web サイトを横断してトラッキングが必要かなど）
⑤ Webサイトの実装時に全ページの適切な箇所にタグが出力できるよう、Web サイト制作のベンダーと調整する
⑥ タグマネジメントツールのプレビュー機能などを利用して、動作を確認する

図1 **タグマネジメントツールの活用**

タグマネジメントツールがないと……

ここにトラッキングタグを入れてもらえますか？

そのページは改修予定があるから、改修ページと一緒に 2 週間後に本番公開すればいい？あと仕様書も用意してね

タスク　タスク　タスク

タグマネジメントツールを導入すると

このタグを削除したいな。エンジニアと難しい交渉をしなくても、自分でタグを修正できて便利！

Web 担当　　　エンジニア　　　Web 担当

タグマネジメントツールを使えば、既存のソースに影響を与えることなく、スマートにタグを挿入できる

タグマネジメントツールを利用してHTML内に埋め込んだタグは「指定したURLのロード時」、「特定のボタンをクリックした際」、「購入金額が発生した際」などの条件でタグマネジメントツールにデータを渡します。その後、多くは外部サービス（Google Analyticsなど）で処理されます。複数のタグを埋め込んでもWebサイトの表示スピードが落ちないように考慮されている点も特長です。

タグマネジメントツールは、組織のWeb担当者が直接管理・運用することが多いツールです。また、広告代理店や運用担当のWeb制作会社に権限を渡せば、HTMLを変更せずに安全にタグを埋め込んでもらうことも可能です。

現在多く利用されているものはGoogleタグマネージャー（GTM）とAdobe Launchの2種類で、ほかには広告配信とセットになったYahoo!タグマネージャーなどが存在します。

マーケティングやアクセス解析ツールにGoogleのソリューションを利用しているか、もしくはAdobeのソリューションを利用しているかで、GTMかAdobe Launchを選択することになりますが、どのツールを利用しているか不明な場合はGTMを利用するのがよいでしょう。

複数のタグマネージャーを共存させることも可能ですが、できる限り1つで管理するようにしましょう。GTMでYahoo!タグマネージャーを管理することも可能です。

Googleタグマネージャーを使ってみる

ここではGTMの快適な運用設計について説明します。GTMは下記の3つで構成されています。

- アカウント
- コンテナ
- ワークスペース

アカウントは会社ごと、コンテナはドメインごとに設定するとよいでしょう（複数ドメインにわたるトラッキング前提では、そのくくりで1つにします）。1つのコンテナには3つまでワークスペースを持つことが可能です。

GTMの特徴として、複数人でも1つのドラフトコンテナ上で設定を行なう必要がありますが、ワークスペースを分割すれば、複数人での同時作業が可能になります 図2 。

ワークスペースごとに権限を設定でき、例えば広告代理店用などのワークスペースを用意して、その中で自由に広告トラッキングやコンバージョン捕捉用のタグを設定してもらうこともできます。仮にリニューアル前にワークスペースを分割しておらず、デフォルトワークスペースを共有、または別のコンテナでそれぞれのGTMの読み込ませていた場合には、リニューアルのタイミングでワークスペースを用意するとよいでしょう。

CHAPTER 3

図2 **GTMの階層構造**

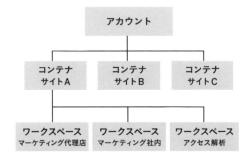

GTMの階層構造をうまく使い分けよう。特に他社に権限を渡す際には、必ずワークスペースを利用する

GTMを利用するとGoogle製だけでなく、サードパーティ製のタグや世界のマーケターがシェアしたテンプレートを使うことも可能になります。

アクセス解析ツールの見直し

セッション数や滞在時間、コンバージョンレートに一喜一憂しても、状況が改善されるわけではありません。アクセス解析の手法や考え方もリニューアルのタイミングで見直しましょう。

解説：岸 正也（有限会社アルファサラボ）

設計フェーズ

Google Analytics の設定見直し

Google Analytics や Adobe Analytics などのアクセス解析ツールの設定は、リニューアルのタイミングで必ず見直します。トラッキングIDは正しく設定されていれば、そのままでもかまいませんが、新サイトの効果を正しく計測し、効果のある改善やマーケティング施策につなげるにはアクセス解析の再設計が必要です。まずは基本設定を見直しましょう。ここでは Google Analytics の再設定や再設計を考察します。

ポイント① アナリティクス管理

まず、アナリティクス管理のレイヤーは次のよ

うになっていることが大前提です 図1 。

- アカウント　会社や事業部など
- プロパティ　個別の Web サイト
- ビュー　レポートやフィルタ単位

このようになっていなければ、ほかのプロパティから移動を行なうことも可能です。レイヤーに問題があると社内の Web サイト群の管理が難しくなるので注意しましょう。

次にユーザーの設定を見直します 図2 。登録されているユーザーのうち、不明なユーザーを削除しましょう。特に Gmail ドメインのアカウントなどは一度削除し、社内外を問わず組織のメールアドレスで登録するような内部規定を作るとよいでしょう。また、ユーザー管理は、外部ベンダー

図1 Google Analytics 管理

3つの役割を正しく理解し、Webサイトやユーザーを設定しよう

図2 Google マーケティングプラットフォーム

ユーザーグループ機能を利用すれば、グループ単位で簡単に Google Analytics のユーザーを管理できる

はビューに対して登録、マーケティングの責任者はアカウントに対して設定し、今後 Web サイトが増えた場合にも社内の関係者は自動で追加されるよう、設定するのがおすすめです。合わせて権限も確認してください。

ポイント② ビューの基本設定

ビューは分析したいレポートの単位と考えておくとよいでしょう。まず、設定や目標、eコマースなど基本的な部分の設定を見直します。変わったところでは、アクセス数や目標数がしきい値を下回った場合に指定のメールアドレスに通知する設定などができるため、不測の事態に対応するツールとして利用することも可能です 図3 。

Eコマースは難しいケースもありますが、カートツールの値との差異が出ないよう数日間見比べてみましょう。Eコマースや目標は過去にさかのぼってデータを抽出・保存することができないので、十分なテストが必要です。

フィルタの設定

すべてのビューに共通の設定が完了したら、ビューの設計を行ないます。ビューの設計とは、誰が・どこから来て、何を見たのかといった解析したいセグメントを設計し、それを新規のビューとして作成することです。

例えばPVが30万を超えたデータから解析しても粒度が荒いため、見えるはずのものも見えなくなります。そこで、自社や開発会社などのIPアドレスを除いたビューを作成し、それをコピーしてアクセス解析の単位でビューを作成するとよいでしょう。わかりやすい例で説明すると、「広告来訪チャネルで絞り込んだチャネルグループ」を「有料マーケティング」と命名した上でビューを作成し、リスティングを依頼している広告代理店にユーザー権限を渡して、このビューから作成したマイレポートを月に1回見てマーケティング施策を考えるというようなことです 図4 。

ほかにもIRの担当者用にIRのビュー、マイページ担当用にログイン後のビューなど、アクセス解析レポートの粒度でそれぞれ別のビューを作成しましょう。もちろんあとから絞り込むことも可能ですが、特に個別の担当者は自分と関係のないものはできるだけ排除したほうが、積極的に解析結果を閲覧するようになるでしょう。ただし、フィルタがかけられていない状態のビューは必ず取っておいてください。それぞれのビューのデータはフィルタがかけられた状態で保存されているので、この例で後日、「会社の人はどれくらい見ているのだろう」とデータを見ようとしても、自社IPをフィルタで除外してしまっていたら調査することができないためです。

CHAPTER 3

図3 カスタムアラート設定

1日単位なので障害通知には利用できないが、急激なアクセスの減少や増加を担当者レベルで確認可能

図4 有料マーケティングのビュー設定例

チャネル グループ設定

名前
リスティング効果測定

グループ設定からリスティング広告で絞り込みをかけ、そのチャネルグループにリスティング広告と名前をつけた例

ユーザー エクスプローラを使ってみよう

一般的なアクセス解析はセッション（その場の1訪問）に対して行なわれます。しかし実際には、ユーザーは通勤電車の中からスマートフォンで広告をクリックして商品を知る→昼休みにスマートフォンで自然検索からその商品ページにアクセス→夜中に自宅のPCから購入する、というような複雑な行動を取っています。これらを単純に3セッションや1ユニークユーザーとして扱ってしまっては、せっかくアクセス解析を行なっても効果は半減してしまいます。

ユーザーがリニューアルの上流工程で決めたカスタマージャーニーにもとづいた行動を取っているかを解析できるのが、Google Analytics のユーザー エクスプローラです。

ユーザー エクスプローラは Cookie の中に格納されている固有のIDによって個々のユーザーを識別し、行動をトレースする機能です。なお、本機能はGDPR（一般データ保護規則）に抵触するため、EUでサービスを行なっている場合はオプトインが必要になります。

ユーザー エクスプローラを利用すると、固有のユーザーがいつサイトに来訪してどのページを見たかなどを分析できます。ユーザーの実際の行動がわかるようになるわけです 図5 。

私たち作り手は普段自社のWebサイトをじっくりユーザー目線で眺めることはしませんが、実際のユーザーは 図5 のように、商品を初めて見てから購入するまでに3時間以上かけることもあるのです。

これらの行動をトレースすることで、実際のユーザー像が浮かび上がってきます。もちろん全員の行動をトレースすることはできませんが、リニューアルの前後に、ユーザーの属性に応じて2〜3人でもユーザーと同じ行動を取ってみることをおすすめします。すぐ帰った、回遊した、回遊してアクションを起こした、というレベルの行動でかまいません。

ユーザー エクスプローラの設定

ユーザー エクスプローラは設定をCSVやJSON形式でダウンロードできるので、例えばメインターゲットになる「30〜50代男性で東京からアクセス、資料請求フォームから資料を請求した」ユーザーの動向を絞り込んで定期的にダウンロードし、Excelや後述するGoogleデータポータルなどの解析ツールにインポートして、解析を行なうことが可能です 図6 。

図5 ユーザー エクスプローラの解析結果

ユーザーの多くは、私たちの想像を超えた複雑な動線をたどっている

図6 ユーザー エクスプローラを Excel で解析

ユーザー エクスプローラからCSVに書き出し、セッションではなくユーザーごとの平均滞在時間を分析

ここで重要なのは絞り込みです。長時間サイトを閲覧してはいるものの最後のアクションだけがないユーザーを解析して傾向がつかめたら、一番コンバージョンに近いユーザーに対しての施策を打つことができます。

データポータルの設定

Googleが提供しているデータポータルを利用すると、Google Analytics、Google 広告、Google Search Console、Google BigQuery などのデータを簡単に統合し、ダッシュボードのカタチで見せることができます 図7 。

もし、今までGoogle Analytics、Google広告、Google Search Consoleなどのデータをそれぞれ毎月PDF化、またCSVダウンロードを行ない、地道にExcelで生成していた場合、効率化の面で非常に有効なツールといえます。また、別々のレポートから全体像を理解し判断するのは難しいため、1枚のレポートにまとめることによる「気づき」は格段に増えるでしょう。

データポータルは複雑なデータ変換や、さまざまな関数を利用した計算、ビジュアライズなどにも利用できますが、はじめて触れる方はまずGoogle Analytics と Google Search Console の

統合から始めることをおすすめします。多様なレイアウトやテーマから選択でき、Webのレポートにはそのまま利用できるテンプレートも用意されています。

作業の大きな流れとしては、グラフや表などビジュアルのタイプを選んで挿入し、Google Analytics や Google Search Console のデータソースからどんな指標をもとに、どの期間のデータを適用するのかを設定します 図8 。

データポータルは自由に文字や画像、スプレッドシートなどを挿入できます。多くの関係者が目にするレポートの場合は、注意書きなどを記載しておくと親切です。簡単に専門用語の意味を記載すれば、関係者以外にも多くの人にWebの効果について目を向けてもらうことが可能になります。

また、表の場合、Search ConsoleのランディングページのURLのタイトルをGoogle Analytics から取得するようなデータ統合も可能です。連携して利用できるデータソースはGoogle製のほか、パートナー コネクタとしてAdobe AnalyticsをはじめとするFacebook Adsなどの広告系、HubSpotなどのマーケティングオートメーションツール、PayPalのような決算系など多岐にわたります。

CHAPTER 3

図7 データポータルでデータ連係したレポートを作成

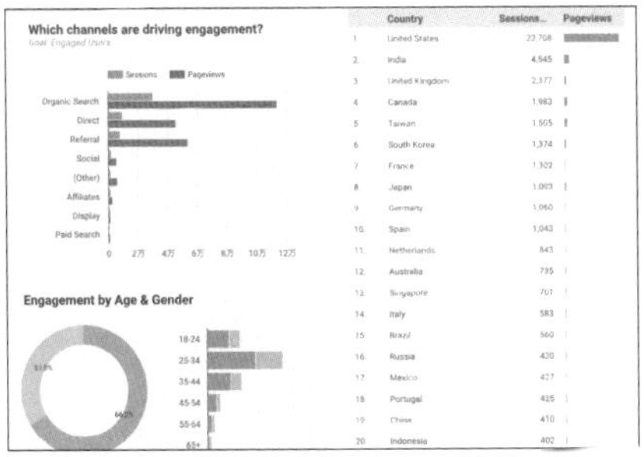

Google Analytics と Google Search Console を統合したレポートを作成可能

図8 データ適用例

Google Analyticsのレポート機能に比べて複雑な設定も可能。1つの表やグラフに複数のデータを統合することもできる

ＳＥＯを踏まえた設計

現在のSEOはWebサイトの情報構造、UI設計、サーバー設計などと親和性が高く、Googleのガイドラインに沿ったサイト設計を行なえば、検索結果の順位だけでなくサイトの価値を上げられます。

解説：岸 正也（有限会社アルファサラボ）

設計フェーズ

今どきのSEOとは？

以前は、SEOといえば次に示すようなノウハウが主流でした。

- ページランクの高い外部サイトからリンクを張る
- ページのインデックス数は多いほど有利
- キーワード含有率はＮ％以上必須

しかし、現在のSEOにおいて最も重要なのは、「ページの中身」です。Googleのクローラーが Webサイトから情報を収集し、解析の結果ページの価値を決めるわけですが、以前はページの解析能力が低かったため、トラフィック数や信頼性が高いとされるYahoo!やWikipediaなどの有力サイトからリンクが張られていること、ページのタイトルやサイトの規模などを根拠として表示順位を決めていました。しかし、AIの進化で、ページに記載されている内容やサイト全体の内容から、そのWebサイトや各ページの価値を、ユーザビリティも含めてかなり正確に判断することができるようになりました。その結果、外部サイトからのリンクやWebサイトのページ数、キーワード含有率などを重要視する必要がなくなったのです。ユーザーに有益で、かつデザイン的に見やすいWebサイトを構築しましょう。

図1 検索エンジン最適化（SEO）スターターガイド

サーバーサイドの高度な内容もカバーしている

図2 検索エンジン最適化スターターガイド

PDFで配布されており、基礎的な内容から説明されている

SEO の進め方

現状、検索順位が十分でない Web サイトに対して、どこから手をつければよいのでしょうか？まずは、Google が提供している検索エンジン最適化（SEO）スターターガイドを熟読してください 図1。ここにすべての正しい SFO の技法が記載されています。特に最近気をつけたいポイントを以下に示します。

- HTTPS 必須、HSTS（必ず HTTPS で接続するようにブラウザに認識させる設定）推奨
- URL をわかりやすく。URL も文字列から上位のカテゴリをたどれることが理想
- 外部リンクが有料広告の場合は、rel="sponsored"、コメント欄へのリンクは rel="ugc" などにして、Google に外部リンクの関係性を伝える
- モバイルを含めたどのブラウザでも閲覧できるようにする
- 同じ、また似たようなページ（重複ページ）を作らない。避けられない場合は canonical 属性で正規化する
- 例えばチェーン店のうち閉店した店や現在募集していない求人など、価値が低いと考えるページは noindex にする

これらを実現できていない Web サイトも数多く見受けられるので、ガイドラインを確認してください。また、もう少し基礎的な内容から入りたい場合は、「検索エンジン最適化スターターガイド」もおすすめです 図2。

SEO にも運用が必要

Google のクローラーや判断基準は大幅に基準が変わることがあるので、SEO にも運用が必要です。また判断基準に変更がなくても、一度Google にインデックス登録をしてみなければ正確なところはわからない要素も数多くあります。図3 にあるようなフローで必ず Google Search Console のカバレッジ、サイトマップ、モバイルユーザビリティを常時確認して、エラーを潰していきましょう。また、現在 Google は「遅い Web サイトは検索順位を下げる」と明言しているので、Google PageSpeed Insights を利用してページのスピードを確認、遅い場合は PageSpeed Insights に記載された問題点をクリアすることも必要です。詳細は次節で説明します。

SEO 設計・運用の情報源

SEO の設計や運用の情報源としては、本節で取り上げた Google の提供するドキュメントやツールの利用のみで、基本的には十分です。ただし、情報サイトなどを運営しており、さらに高度な内容や最先端の情報を知りたいなら、Google公式の検索エンジン関連情報の提供を行なうTwitter アカウント「Google SearchLiaison（@searchliaison）」や、日本語でわかりやすく情報を解説している「海外 SEO 情報ブログ」や「SEO ラボ」などがおすすめです。

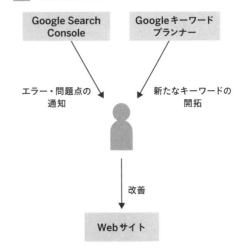

図3 SEO 運用の進め方

高速化を踏まえた設計

Webサイトの高速化はKPIの達成に直結する重要な要素です。しかし、実現は容易ではなく、実装段階のさまざまなレイヤーで検討する必要があります。設計フェーズから高速化を念頭に置いてください。

解説：岸 正也（有限会社アルファサラボ）

設計フェーズ

高速化の重要性

昨今のWebサイトのトレンドに、「高速化」が挙げられます。ユーザビリティエンジニアの大家、ヤコブ・ニールセン氏は、コラム「10の累乗：ユーザーエクスペリエンスにおける時間スケール」において、次のように語っています。

- ユーザーに自分自身が操作していると思わせたければ、その応答速度は0.1秒以内
- ユーザーにコンピュータを自由自在に操作していると思わせたければ1秒以内

高速化はユーザビリティに直結する重要な要素であり、現在ではミリ秒単位の数字の違いがCVRに直結することが証明されています。

また、特に高速化が注目されているのは、前節で説明したように「低速なページは掲載順位を下げる」と、Googleが明言したことも大きく影響しています。Googleは近年Webサイトの高速化に力を入れており、複数のツールを提供して改善を求めています。

Webサイトのスピードチェック

まずは、Googleが提供しているPageSpeed Insightsを利用して、現在のサイトのスピードチェックを行ないます 図1 。スピードチェックのさまざまなツールがありますが、このツールをもとに改善を進めれば、SEO的に問題がないことも同時に確認できます。

モバイルからのアクセスが多いと考えられるため、PageSpeed Insightsではモバイルの数値を重要視しましょう。また、PageSpeed Insightsはモバイルでの低速アクセスをエミュレートしているので、多くのサイトでデスクトップに比べモバイルの数値が下がっていることでしょう。

図1 PageSpeed Insights の表示結果

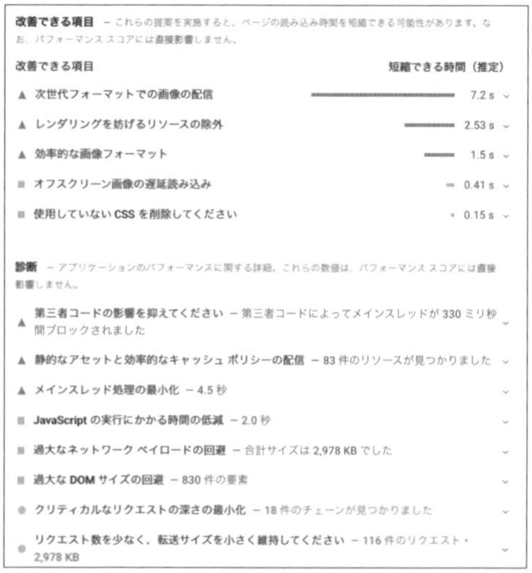

次にさまざまな指標がありますが、まずは以下の4つの指標を押さえます。

- First Contentful Paint：最初のエレメントが表示完了した時間
- First Meaningful Paint：多くの場合ファーストビューの表示時間
- 速度インデックス：表示完了までの時間
- インタラクティブになるまでの時間：ユーザーが操作可能になる時間

これらの指標の改善が第一の目標です。 図1 に改善できる項目が表示されています。ここで注意したいのはGoogleの提示する指標の改善はあくまでGoogleの提案であり、すべてクリアしたとしても、指標の向上や点数向上につながらない可能性がある点です。

高速化の設計

リニューアルでは、現状の問題点を新規のサーバー構成やソースコードの設計に反映できるため、現状のサイトを修正するのと違い、ゼロベースで考えることが可能です。高速化には特に力を入れて取り組みましょう。

図2 のPageSpeed Insightsの改善点を見ると、「レンダリングを妨げるリソースの除外」や「オフスクリーン画像の遅延読み込み」などが目につくかもしれませんが、まずはコンテンツを速く配信できるインフラやミドルウェアを整えることが重要です。

可能な限り高いスペックのWebサーバーやデータベースを設置するのはもちろん、Webサーバーに Apache を利用している場合はより高速なNginxやLiteSpeedの利用を検討します。また、PHPの実行環境もより高速に動作するPHP-FPMを利用します。

CDN（高速かつ効率的にWebを配信する仕組み）の導入も重要です。CDNを利用することでWebサーバーの負荷が大幅に軽減されます。ただしCookieやクエリ保持などには独特のコツがいるため、動的なサイトの場合にはCDNの導入を踏まえたWebサーバーやプログラムの設計を行なう必要があります。

まずは、インフラやミドルウェア面を整えた上で、PageSpeed Insightsの改善点をクリアしていきましょう。

レンダリングを妨げるリソースの除外

ファーストビューに別リソース（CSSやJavaScript）を利用してはならないということです。実装としてはインラインで記述するか、読み込み遅延させるかのいずれかになります。

次世代フォーマットでの画像の配信

WebP と呼ばれる Google が開発している超軽量な画像フォーマットがあります。標準的なjpegに比べ25％程度軽量になりますが、Google製、Firefox製以外のブラウザの対応は不明なため、Webサーバーでの対応可否によりソースを出し分けるのが現実的です。

図2 PageSpeed Insights の指標

BIツールを活用した
レポートの改善

サイトの分析レポートは組織全体を納得させられるようなものが理想です。では、どうすれば説得力が高く、サイトの価値を直感的に伝えられるようなレポートを容易に作成できるのでしょう。

解説：岸 正也（有限会社アルファサラボ）

設計フェーズ

BIツールを使い倒そう

リニューアルを機に改良〜分析のサイクルを回すことになっても、アクセス数などのWebの各指標と、売り上げなどの経営に直結する指標との連動性が直感的に伝わらなければ、サイトの価値を示すことはできません。

図1 のようなデータが羅列されたExcelの表を見せても、短い会議の時間内でWebの専門家以外に価値を理解してもらうのは至難の業です。

そこでBIツールの利用をおすすめします。BIツールは「ビジネスインテリジェンスツール」の略で、企業に蓄積された大量のデータを分析し、経営層の意思決定をサポートするものです。マー

ケティングにおける解析が以前にも増して重要視されている昨今では、コンサルタントやマーケターだけが利用できる大掛かりなものではなく、手軽にさまざまな形式のデータを集積し分析・ビジュアライズするようなツールがいくつか誕生しました。無料ではじめられるものもいくつかあります。

BIツールの主な特長

Webと親和性の高いBIツールには、次に示すような機能が備わっています。

- 複数のデータソース（Excel、RDS、Hadoopなど）との連携

図1 レポートをビジュアル化すると

順位	URL	タイトル	アクセス数	割合
1	/zzz.jp~	○○○	1864	85.2%
2	/yyy.jp~	×××	35	2.2%
3	/xxx.jp~	○××	23	1.8%
⋮	⋮	⋮	⋮	⋮

アクセス数は対前月比 -5%、
対前年比では 10% 増加

このレポート、毎月見て意味はあるのかな

Web の指標は、ある意味顧客の行動そのものだ！

レポート自体がすんなり腹落ちすれば、あとは各自が積極的に行動を起こしたり、利用したりするようになる

- 複数のデータを混在させた解析
- 主要な SaaS との連携
- データベース情報の取り出し
- よく利用される分析のテンプレート機能
- データのクリーニング
- 各種言語を用いた複雑な解析
- ビジュアル化されたグラフの作成
- レポートの自動作成機能（作業負荷を低減）
- レポートの共有

　例えば不動産情報サイトであれば「Webのアクセス数、問い合わせ数」、「Webマーケティング費用」、「営業支援ツールの成約数」をかけ合わせて分析すると、「Webサイトのアクセス数は一定額までは成約数と相関関係にある」といった証明が可能になります。このような証明で組織の理解を得ることができれば、マーケティングの追加予算を獲得できるかもしれません。

BIツールの具体例

　ここでは、比較的手軽にはじめられるBIツールを3つ紹介します。

Google データポータル

　Webマーケティングと親和性の高いBIツール

で、初心者でも簡単にデータをまとめることができます。Googleスプレッドシートのマクロを利用してEC-Cube（代表的なオープンソースのカートシステム）のデータをAPI経由でスプレッドシートに蓄積し、Google Analyticsのデータとかけ合わせるなどの使い方が簡単にできます。ツールとしては発展途上ですが、無料で利用できる手軽さもあり、今後に期待できます。

Microsoft Power BI

　Officeソフトのような使いやすさと高度な分析力を兼ね備えており、扱えるデータのタイプも多数存在します 図2 。近年ではモバイル上での表現にも力を入れている代表的なツールの1つです。

Tableau

　個人からエンタープライズまで利用できるBIツールで 図3 、JALをはじめとして多くの利用実績があります。簡単にわかりやすいビジュアルを作成するという点においては、他社製品と一線を画します。比較的高価ですが、個人アナリスト向けの廉価なプランも用意されています。

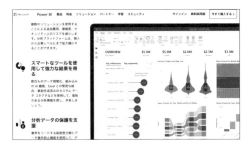

図2 Microsoft Power BI

Microsoft社製品との親和性のみならず、複雑な分析をシンプルに行なえることに主眼を置いており、その分析を訴求力のあるビジュアルに仕上げることができる
https://powerbi.microsoft.com/ja-jp/

図3 Tableau

社員がデータドリブンで動けるような仕掛けが随所にある、グローバルスタンダードなBIツールの1つ
https://www.tableau.com/ja-jp/

CHAPTER 3

データ移行
（マイグレーション）

データ移行はリニューアルの成否に大きく関わります。しかし、データ移行がリニューアルのメイン作業になっては本末転倒です。企画段階から「基本は自動／半自動」を徹底しましょう。

解説：岸 正也（有限会社アルファサラボ）

設計フェーズ

コンテンツのマイグレーション

データ移行をITの専門用語ではマイグレーションと呼びます。Webリニューアルのマイグレーションの中では、コンテンツのマイグレーションが最も大きなウェイトを占めます。情報設計のタイミングで、リニューアルするサイトの詳細ページに関して、下記に示すようなプロパティを決めます。

- 新規作成
- 修正移行（文言や図版などを最適化）
- そのまま移行
- 削除

「修正移行」と「そのまま移行」については、基本は次のような手順で移行しましょう。

① 旧CMSのエクスポートツールまたはデータベースからコンテンツ部分をエクスポート
② サーバーサイトプログラムやVBAなどでデータを新CMSに適用できるようなデータフォーマットに整形
③ 新CMSでインポート

「修正移行」に関しては、移行後に新環境で文言などを修正するとよいでしょう。また、コンテンツと同じくメタデータやプロパティ（公開／下書きなどのステータス、公開日時など）、カスタ

図1 インポートツール

一般的なCMSのインポートツール例（PowerCMS）

図2 移行対象

非定型データやプロパティをうまく自動化して移行する

ムフィールドなどの情報も、自動または半自動で移行するのが望ましいといえます。充実したエクスポート／インポート機能も、CMS選定の基準のひとつです 図1 図2 。

　ただし、コンテンツ本文に関してはHTMLでタギングされたデータが入っていることがほとんどでしょう。クラス名や画像のパスなどは、当然新テンプレートと異なります。これらに関してどこまで自動化できるかは、予算との相談になります。工数を減らすためにそのまま旧クラス名を利用したり、旧画像パスでも通すようにしたりすることだけは避けてください。

> リニューアルのタイミングで根本から見直さないと、今後のパフォーマンスや運用フローに影響が出る可能性があります。

　また、プロパティの公開日時、公開／下書きなども型や文言が違うことが容易に予想できます。これらのマイグレーションを手動／半自動で行なう場合と、手動で行なう場合の予算やリスクを天秤にかけ、最適な方法を探してください。どうしても旧Webサイトからデータをエクスポートできない場合は、スクレイピングツールの利用も検討してください。スクレイピングツールはGoogleのクローラーのように表示されている

Webサイトからデータを抽出するプログラムです 図3 。

画像のマイグレーション

　旧Webサイトからそのまま移行した画像は、スマートフォンで横100％で表示すると解像度が足りない場合があるので注意しましょう。新しいデザインイメージに合わせて画像を差し替えるのが理想です。また画像の中に説明文を入れているようなものは、文章を外に出したり、CSSで画像内にテキストデータとして配置したり、SVGなどテキストが埋め込めるイメージフォーマットにしたりするとよいでしょう。

登録ユーザーのマイグレーション

　リニューアルのタイミングで登録ユーザーに再登録の作業を強いると、Webサイトから離れてしまうことが容易に予想できるので、新しいWebサイトでもそのままのURL、ID、パスワードでログインができるようにすべきです。ただし、そのことに固執して、認証システムだけ旧来のものを利用する、もしくはマイページ以下はリニューアルしないといった処置は、問題を先延ばしにするだけです。システムの都合上どうしても難しい場合は、メールで個別に新しいパスワード設定を案内しましょう。

　また、残念ながらマイページやメールマガジンなどを活用した登録ユーザーへのアプローチがうまく機能していない場合は、リニューアルのタイミングでいったん廃止も検討する必要があります（次ページ 図4 ）。個人情報の保持は組織にとってリスクで、かつあまり活用されていない機能のセキュリティはどうしても甘くなりがちだからです。活用方法が決まったら、メールマガジンやマイページを復活させましょう。

図3 Octoparse

現行サイトのデータをスクレイピングするという手段もある。Octoparseは世界的に利用されているスクレイピングツールで、Webサイトの必要な部分のデータを簡単に抽出できる

外部サーバー連携のマイグレーション

API、JSONなど、現状のサイトに実装されている外部サーバーとの連携機能は、リニューアルサイトの公開までに、確実に同じ条件で通信できるようにしなければなりません。

ECサイトの決済システム以外にも、シングルサインオンやコンテンツ連携など、さまざまな箇所で外部サーバーとの連携が行なわれています。ソース上から見つけにくいものも多いため、必ず仕様書を確認したいところです 図5 。

外部サーバーの連携に関しては、Web担当者、制作会社、サーバー会社の3者で打ち合わせの場を設け、仕様の確認やテスト・本番実装の日取りを確認してください。

社内の商品データベースから情報を引っ張ってきているのであれば、「リニューアル後に商品情報をどんな形で掲載したいか」を議論し、必要に応じてデータベースの改修を検討してください。結局リニューアル以前と同じ形でしか情報を載せられないとなると、リニューアルの効果も半減してしまいます。

設計フェーズ

図4 登録ユーザーへのアプローチ

Web サイト

表示なし

うちのビジネスソリューションサイト、登録ユーザー300人で、しかも今まで有効な情報を出せていないから、マイページを廃止して、同意をもらっている人だけメルマガをがんばろう!

特にBtoCにおいては、マーケティングフローが確立していない登録ユーザーの掘り起こしは難しい

図5 連携の失敗例

Web サイト

表示なし

制作会社

連携がうまくいっていないようです。旧ソースをそのまま持ってきているので、動くはずなんですが……。

連携先の会社

IP が変わったら表示されませんよ。旧サイトのとき、仕様書を出してますが……。
対応は明日以降になると思います。

そのまま連携できそうだと思っても予断は禁物。このような事態はよく発生する

INTRODUCTION

CHAPTER 1

CHAPTER 2

CHAPTER 3

‣ CHAPTER 4

実施・公開フェーズ

リニューアル実施から公開までをスムーズに進めるためのポイントを解説していきます。進行スケジュールのマイルストーンごとの評価や検収時の要点についても紹介します。

素材の入手と精査

Webサイトを構成するテキスト、写真といった素材の質は、サイトそのもののクオリティに直結します。
必要な素材を効率的に調達するフローや、素材の質を確保するための留意点をまとめました。

解説：滝川洋平

素材の洗い出しと調達

Webサイトを構成する素材の調達は、最初にベンダー側で必要な素材を精査するところからはじめましょう。デザインに入る前のワイヤーフレームを作成した時点で必要な要素や文字情報を洗い出せば、どこにどれだけ、何の素材が必要かを明確にできます。その上でExcelやスプレッドシートで文字数の目安などをまとめた管理表を作成し、全体像を把握しましょう。

サイトを構成する素材を調達する際は、サイトデザインを使用する素材なのか、コンテンツを構成する素材なのかを区別しましょう。なぜなら、素材の用途によって優先度が変化し、後続のタスクに影響を及ぼす可能性があるためです。

素材の用途によっては支給するタイミングが前後するものの、素材関係は原則、発注元が準備して支給するものとして認識すべきです。しかし、発注元がWebサイトに適したコンテンツの原稿を用意できるとは限らないのも事実です。発注側でなければ用意できない企業やブランドのロゴといった素材は別として、発注側とベンダー側で、主にどちらがテキスト原稿やグラフィック素材を調達するかを決めておくことをおすすめします。

発注側のリソース面で素材を用意することが困難であるという現実的な問題や、発注側があれもこれもと情報を盛り込もうとしてしまい、訴求ポイントがぼやけてしまうケースもあります。コピーライティングに強いベンダーならば、ユーザーに近い立場で訴求ポイントを引き出した原稿の調達が期待できます。コスト面と合わせて、コンテンツ原稿の制作についても確認してもよいでしょう。その場合でも、原稿のもととなるカタログ情報や関係者への取材などの調整は必須です。同時に、発注側は上がってきた原稿に対する確認と校正を滞りなく行なう必要があります。

制作に必要な素材

一般的なWebサイトに欠かせない素材を 図1 に示します。まず、この中で発注元が調達できるものを確認します。自社で調達できるもの、できないものが整理できたら、ベンダー側と認識のすり合わせを行なっていきましょう。

素材のクオリティを確保するために

テキスト、画像にかかわらず、素材のクオリティを確保するには、条件やルールを揃えることが肝心です。

テキストであれば、文章構造をはじめ、文末の表記や"ら抜き言葉"のような基本的な部分をガイドラインとしてまとめ、それに沿ったライティングを行なうと全体的な体裁が整います。

画像素材のクオリティを確保するためには、高解像度のスクリーン対応が前提であり、トリミングなどの加工を行なうことを見越して、なるべく解像度が高く、圧縮率が低いものを用意しましょう。また、ロゴなどのグラフィック素材はSVG画像として利用できるように、ベクターデータで支給します。手持ちの画像素材がこれらの要求に応えられない場合は、新たに撮影したり、ストックフォトサービスなどで購入したりして作成することも検討しましょう。

写真を撮影する際の注意点

社屋の画像や、社員のインタビューコンテンツに使用する人物写真など、自分たちで用意する素材を新たに撮影する場合は、可能な限りカメラマンに依頼して撮影してもらうのが望ましいでしょう。しかし、予算やスケジュールの関係で難しい場合は、次に示す3つのポイントに注意して撮影しましょう。

撮影条件を揃える

色調を統一するために、撮影する時間帯や天気、撮影機材などの撮影条件を合わせて撮影しましょう。

スマートフォンを活用する

一眼レフカメラなどの高機能な機材がなければ、一般的なコンパクトデジタルカメラで撮影するよりも、新しいスマートフォンのほうがきれいに撮れる可能性が高いと思われます。しかしながらRAW形式で撮影することが難しいので、機材のレンタルも視野に入れておきましょう。

三脚を使用し、複数枚を撮影する

カメラマンが不在の撮影の場合、被写体がぶれていたり、目をつむっていたりすることがあります。そのため、なるべく多くのカットを残して、あとで選択できるようにしておくことを強くおすすめします。また手ぶれを防ぐためにも、三脚などに固定して撮影するようにしましょう。

CHAPTER 4

図1 一般的なWebサイトに欠かせない素材

グラフィック素材／企業ロゴや商材ロゴなどのロゴ素材	aiやpdfなどのベクターデータ。ロゴ使用ガイドラインやCIガイドラインがあれば、合わせて支給する ※ベクターデータで持っていない場合は、ベンダーにトレースが可能か確認する
商品・サービス画像	オフィシャルの商品画像・無形商材の場合はサービスのイメージ画像
企業に関する画像	社屋や社長、従業員の画像など
イメージ的な画像、アイコン画像など	アイキャッチやインターフェイスなどに使用する画像など
テキスト素材／商品・サービスの紹介文	商品の紹介文、スペックなどのカタログ情報など
会社案内・採用情報などの文言	会社概要や沿革、IR関連の固定情報など。採用情報は現在募集中の求人情報など
規約や法的文言	利用規約やプライバシーポリシーなどの固定情報
自動返信などのフォーマット文	メールフォームから自動送信される応答文など、システムから自動で送信・表示されるテキストの原稿

コミュニケーションツールを活用しよう

コミュニケーションの手段は、情報共有の精度と鮮度に大きく影響します。リニューアルのタイミングで、社内や制作会社とのコミュニケーションツールも見直しましょう。

解説：滝川 洋平

チャットツール導入のすすめ

コミュニケーション手段の改善にはまず、無料で導入できるチャットツールを利用するところから始めてはいかがでしょうか。

その際に意識すべきは、チーム全体でそのツールを使うことです。コミュニケーションパスを統一して情報の流通を集約することがツール使用の肝になるので、使わないチームメンバーが存在すると情報共有の手間が増えてしまい、チャットツールの利用価値が半減してしまいます。そのためチャットツールを導入するのは、プロジェクト発足時や、プロジェクトのフェーズが進行したときが最適なタイミングなのです。

導入にあたって、チャットツールを発注元とベンダー間で使用する場合は、同一のワークスペースでやり取りすることが重要です。

チャットツール導入のメリット

会話ベースに近く、フロー度が高いチャットツールですが、これらのツールはクラウドベースのアプリケーションです。メッセージが個人のデバイスではなく、各サービスのサーバー上に保存されています。そのため、会社からでも自宅からでも、移動中のスマートフォンからでも、進行中のコミュニケーションにアクセスできるので、リアルタイムのコミュニケーションが期待できます。

また、コミュニケーションのログを時系列で残す上でも役立ちます。メールの場合、一つひとつのメールが集まってスレッドが作られ表示されるので、開かないと内容が確認できなかったり、やり取りの課程でメールのタイトルと関係のないトピックに話題が移っていたりと、経緯を追うのに手間がかかってしまいます。一方でチャットツールは検索機能が優れており、経緯や状況などを確認したいときも、関連するキーワードを検索すれば該当するトピックを容易に把握できます。サービスや契約プランにもよりますが、プロジェクトが進行して共有事項が複雑になった場合にも見失うことなく会話を追うことができるでしょう。

ルールの策定と習慣化

新たにコミュニケーションツールを利用する際は、コミュニケーションパスの明確化やルールを定めておくことが習慣化のために欠かせません。

例えば相手に呼びかける際に「〇〇さま いつもお世話になっております」というような敬称やビジネス枕詞などをつけないようにしたり、ダイレクトメッセージは原則使用禁止にしたりするなど、余計な手間を省きつつ、オープンな情報流通が促されるようなルールがおすすめです。プロジェクトの文化に適したルールを定めていきましょう 図1 。

ストックしておきたいものと
エビデンスを残したいもの

チャットツールはフロー度が高いので、課題の管理やデータの共有など、日常的に参照する必要があるようなものまでまとめてしまうと、かえって利便性を損ないかねません。

そういった課題や、プロジェクトの進捗状況などを発注元とベンダーで共有するには、BacklogなどのITS（課題管理システム）を課題管理ツールとして利用するのが便利です。Backlogは有料のサービスのため利用することが難しければ、

Web用ExcelやGoogleスプレッドシートなどの、クラウドで利用可能な表計算ソフトを使ってもよいでしょう。オンラインでリアルタイムにさまざまな粒度の課題を一覧化し、それぞれに優先度や期限を割り当てておけば、予算とリソースの配分を発注元とベンダー双方でタイムラグなく把握できるようになります。

契約書や発注書など、エビデンスを残したいものは、あえてメールを利用してチャットツールに参加しているメンバー以外の関係者に同報を送り、エビデンスを担保するという使い方もあります。状況に合わせて使い分けましょう。

図1 チャットツールの利用ルール例

ルール	対応方法	理由
ダイレクトメッセージは原則禁止	ルールで対応	情報が散らばり、追跡しにくくなると同時に情報共有の妨げになるため
プライベートチャンネル作成権限の制限	設定で対応	契約や金銭面での会話などのケースを除き、オープンなコミュニケーションの原則を保つため。情報共有の妨げになるため、管理者に申請して作成する
敬称を省略して「さん付け」で統一	ルールで対応	余計な情報を省き、要件にフォーカスを促すため。敬称の忖度はエスカレートする
枕詞の禁止	ルールで対応	余計な情報を省き、要件にフォーカスを促すため。「いつもお世話になっております」というようなメッセージは排して、堅苦しさを排除するため
氏名をローマ字に統一	ルールで対応	メンションを行なう際に利便性が向上するため
アイコンの設定	ルールで対応	プロジェクトメンバーの判別を容易にし、チャンネル内の視認性を向上するため
チャンネルの命名規則の統一	ルールで対応	適切なチャンネルでコミュニケーションを行ないやすくするため
スレッドの積極的使用	ルールで対応	トピックごとに議論をまとめ、経緯を追跡しやすくするため
メッセージ修正期間を設定	設定で対応	投稿後1時間以降は編集不可の設定にする。トラブルが発生した際に、経緯を確認するにあたり、不都合な過去発言が修正されてしまうことを防ぎ、エビデンスを残すため
通知する勤務時間の設定	設定で対応	夜間のメンション付きメッセージの通知をなくし、過重労働を防ぐため。緊急の場合は強制的な通知を行なうこともできる

CHAPTER 4

発注側の
マイルストーンでの評価

プロジェクトを円滑に進行するためには、発注側とベンダー側で、フェーズごとに正しく確認作業を行なうことが重要です。そのためにマイルストーンの考え方を理解しておきましょう。

解説：滝川 洋平

発注側とベンダー側ですべきこと

ベンダー側が適切なWBSを作成してガントチャートを引き、順調に開発スケジュールが進行して担当者レベルで確認が済んでいても、あとになって発注側で「俺は聞いていない」などといった"ちゃぶ台返し"が起こり、前の工程に戻らなければならなくなってしまう例は少なくありません。発注側とベンダー側で、フェーズごとの確認作業が正しく行なわれていないと、プロジェクトのスケジュールが遅延し、最終的には破綻してしまう事態も起こり得ます。

プロジェクトの円滑な進行のために、発注側とベンダー側が協力して実施する作業が各マイルストーンでの確認と合意です。

マイルストーンとは

一般的にマイルストーンとは、プロジェクトの中で工程遅延が許されないような、大きな節目のことを指します。実際に制作に携わるベンダー側では、WBSから洗い出したクリティカルパスをもとにマイルストーンを設定し、それぞれの時点で達成すべき事柄と実際の状況を照らし合わせることで、進捗管理に活用しています。

ここでは発注側が関わるマイルストーンにフォーカスを当てて解説するため、本節ではマイルストーンを「制作スケジュールの工程上の区切りとなるポイント」と定義します。

図1 各制作フェーズが完了するタイミングで確認・承認を挟む

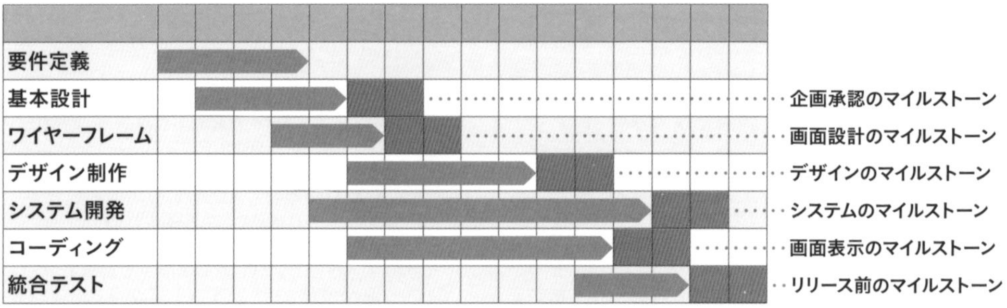

要件定義		
基本設計		企画承認のマイルストーン
ワイヤーフレーム		画面設計のマイルストーン
デザイン制作		デザインのマイルストーン
システム開発		システムのマイルストーン
コーディング		画面表示のマイルストーン
統合テスト		リリース前のマイルストーン

システム開発などはさらにタスクや確認事項が細分化されてつど確認を挟むのが一般的

各マイルストーンにおける
発注側の役割

Web制作のプロジェクトでは、発注側が関わるマイルストーンは、企画立案、ワイヤーフレーム設計、デザイン作成、コーディングなどの各制作フェーズが完了するタイミングに設定します 図1 。ここで発注側の関係者間で合意形成が正しく行なわれていないと、前の工程に戻らなければならない事態になりかねません。

マイルストーンでの確認において承認したものを、作業フェーズが進行してからフェーズをさかのぼって対応することは仕様変更となるため、追加料金が発生する対象となります。そのため、マイルストーンごとの確認はスケジュールを守るだけではなく、予算にも影響する重要な業務であることを、発注側の担当者は認識しておきましょう。したがって各マイルストーンの発注側に求められる役割を簡潔に説明すると、次の制作フェーズに移行するために成果物の確認や承認を行ない、作業進捗を受発注の間で確定して手戻りが起きないように調整することに尽きます。

各マイルストーンで
何を確認するのか

ここからは、発注側が各マイルストーンで確認する具体的な項目を解説します。

企画・要件定義

発注側の要望をもとに定義した要件です。予算やスケジュール、対象となるブラウザや採用するシステム、CMSパッケージなど、リニューアル後のサイト仕様にあたります。発注に至るまでのプロセスに該当するため、ここで承認したことがプロジェクトの根幹となります。

ワイヤーフレーム

サイト構造や設計など、デザインに入る前にページに掲載する要素を確認します 図2 。ナビゲーションやUIの設計が該当します。ワイヤーフレームはデザインを作成する際のガイドラインになるばかりか、ユーザーがサイトを利用する際の使い勝手にも影響します。そのためPCサイトとモバイルサイトでの構造の違いにも留意し、プロトタイプなどで実際の使用感も確認しましょう。

CHAPTER 4

図2 ワイヤーフレームの一例

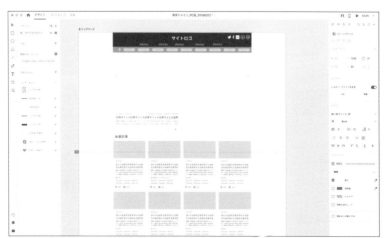

デザイン

　サイトのデザインや配色ルールといった、実際にユーザーが目にする部分を確認します。全体的なビジュアル面だけではなく、文字のサイズや行間などの詳細部分まで意識して確認し、PCとモバイルでの差異にも気を配ることが大切です。

ブランドイメージやターゲットに合致しているかといったビジネス上のロジック面まで、合理性があるかの確認も行ないましょう。

コーディング

　コーディングされたデザインがターゲットブラウザ上で実際に表示されているかどうかや、アニメーションの振る舞いなどを確認します。要件で設定したターゲットブラウザごとに確認します。

システム・CMSの確認

　開発が関わるプロジェクトやCMSを使用するプロジェクトであれば、システムが要望通りの動きをしているか、要件を満たした機能が備わっているかを確認します。一般的にシステム開発が必要なプロジェクトの場合は、詳細の機能要件はエンジニアを交えて詳細を詰めつつ、プロトタイプでの確認やテストなど、別途マイルストーンが設けられて進行していきます。

受け入れテスト

　テストサーバー上で、実際の業務運用のシナリオに沿って、要望通りに動作するかを検証し、本公開を行なえるかどうかを確認します。

　このプロセスで問題がなければベンダー側で統合テストを行ない、本番のサーバーで公開、リリースとなります 図3 。

マイルストーンごとの確認のポイント

　マイルストーンごとの確認で重要なのは、上長やプロジェクトに関わる関係者に進捗を説明する際にカギになるポイントはどこなのかを見極めることです。ここをおろそかにしてしまうと、担当者であるあなたが確認して承認したとしても、公開直前で関係者から"ちゃぶ台返し"が起こり、

図3 テスト環境と本番環境の違い

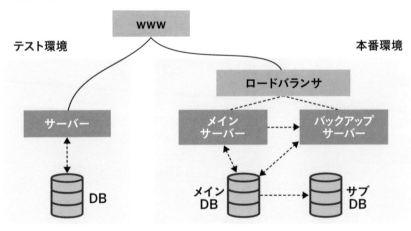

このようにテスト環境と本番環境で構成が異なる場合、テスト環境では表出しなかった不具合が発生することもあるので注意したい

覆されてしまうという事態を招きかねません。プロジェクト体制の確認の際に、あらかじめ誰が最終の意思決定者であるかを明確にしておきましょう。

実際には特に何の意見もないものの、「取りあえず何か言っておきたい」という人がいることも理解しておくと、合意形成の際に役立ちます。特にデザインなどの「わかりやすく見えてしまう」項目では、「ここをもっと大きく」「この部分をもっと目立たせる」というような、フェーズをさかのぼった意見が出ることもよく起こりがち。こういった事態を防ぐためには、発注側が各マイルストーンで確認のプロセスをていねいに進め、関係者が「話を聞いていなかった」という状況を作らないことが大切です。

"ちゃぶ台返し"を回避するために

"ちゃぶ台返し"を回避するには、各フェーズごとに確認プロセスを適切に挟むことが望ましいものの、仕様のドキュメントやワイヤーフレームなどの抽象的な概念では、どうしても理解できない人が存在するのも現実です。そのため、できるだけ「わかりやすい」粒度での確認を心がけることが欠かせません。

同様に、手戻りが起きやすいデザイン確認などのポイントを重点的に押さえていくことも大切です。

プロトタイプツールを活用する

ワイヤーフレームとサイトデザインの確認は特に手戻りが起きやすいため、Adobe XD などのプロトタイプツールを活用して確認するのがおすすめです。ワイヤーフレームの段階でどのような動きをするのかを、実際の画面サイズで確認できる

だけで、理解の難度が下がります。制作のワークフローにプロトタイプツールを使用してもらうことや、ベンダーに相談してみるとよいでしょう。

システム開発が関わるプロジェクトの場合

ある程度規模の大きいプロジェクトやシステム開発を含む場合、発注元はベンダーが作成する「テスト仕様書」とは別に「受け入れテスト仕様書」を作成し、可能なら社内の情報システム部門や実際の運用者などの関係者を集めてテストを実施することをおすすめします。しかし、受け入れテストはプログラムのバグやリンク切れなどの問題点を洗い出すためのテストではありません。もちろん発見したバグは報告を行なうものの、本質は想定する運用フローに沿った業務が実現できるかどうかのテストです。枝葉末節にとらわれないよう意識してください。

検収につながる確認を

公開直前の確認や、本番公開後に実施する検収は、不具合を探すために行なうものではなく、発注した要件と相違がないかを確かめるために実施するものであることを理解しておきましょう。

発注側での確認はプロジェクトの進行を確定するものである点を担当者は正しく理解し、成果物の確認だけでなく、社内調整も主体的に行なっていくよう心がけましょう。

公開前の確認から公開へ

公開直前は忙しくなりますが、公開前の確認から公開まではスマートに駆け抜けたいものです。
特に現行サイトとの切り替え作業は難易度が高くなるので、念入りにリハーサルしましょう。

解説：岸 正也（有限会社アルファサラボ）

実施・公開フェーズ

公開直前に再確認すべきこと

　公開直前に確認すべき主なポイントは、図1 に示す通りです。もちろん誤字やリンク切れ、デバイステスト、ユーザーのメイン導線の文言などもできる限り確認したいところですが、ここではそれ以外のポイントを考察します。

公開フローに問題はないか？

　公開までのフローは、図2 のように5つに分類できます。

・「リニューアルのアナウンス」

　リニューアルのアナウンスとは、ダウンタイムのお知らせなどです。リニューアル後、マイペー ジのログイン方法などに変更がある場合は、あらかじめ登録ユーザーにメールなどで通知しておいてもよいでしょう。また、リニューアルに際してWeb媒体にプレスリリースを配信する場合は、その準備もしておきましょう。

・「公開サーバーにリソース一式を設置」

　できるだけ早い段階で試してみる必要はありますが、制作開始早々に公開サーバーに移行して開発を続けることはできるだけ避けたほうがよいと考えます。なぜなら「開発サーバー」―「公開サーバー」の関係性が崩れるため、運用中に発生した改修をスムーズに行なえなくなる可能性があるからです。開発サーバーのほかにステージングサーバーがある場合は、公開前に「ステージングサー

図1　公開直前に確認すべき主なポイント

- 公開フローに問題はないか？
- 開発環境と本番環境の差異
- 旧サイトの扱い
- 登録ユーザーの扱い
- Googleのクローラー対策

公開直前まで開発やマイグレーション、テストが続くリニューアルも多い。これらのポイントは設計段階で一度決めておき、公開直前に再確認しよう

図2　公開までのフロー

① リニューアルのアナウンス
② 公開サーバーにリソース一式を設置
③ DNSを書き換えて新サーバーに向ける
④ 旧Webサイトをクローズ
⑤ 主要ページのリダイレクト

公開フローに失敗すると、最悪の場合旧サイトに切り戻しを行なうことになる。切り戻す手順も確認しておこう

バー→公開サーバー」の流れを確認するとよいでしょう。「開発サーバー→ステージングサーバー→公開サーバー」の流れはGitやデプロイツールを利用して自動化しておくことをおすすめします。

・「DNSを書き換えて新サーバーに向ける」

DNSの情報をキャッシュしておく時間（TTL）を短くするなどの施策を行なっても、浸透時間にタイムラグが必ず発生します。そのため、例えば旧サーバーにアクセス中のユーザーがそのまま買い物を行ない、旧サーバーに購入データが蓄積されることも考えられます。こうした事態を避けるために、まずユーザーに知らせた上で旧サーバーをクローズし、仮に旧サーバーにアクセスした場合も新サーバーにアクセスが向くようにしてください。新サーバーはIP制限を行なった上で正式ドメインで確認を行ない、確認完了後にIP制限を解除します。どうしてもタイムラグを発生させたくない場合は、新旧のサーバーを同じWebサイトに設置し、ドキュメントルートを書き換える方法もありますが、小規模Webサイトでないと難しいかもしれません。

・主要ページのリダイレクト

URLを変更した場合、旧サイトの主要なページのURLから新サイトのURLに301リダイレクトを設定しましょう。可能ならすべての旧ページに設定するのが望ましいです。SEO的にもユーザビリティ的にも、検索エンジン、参照サイト、ブックマークなどから遷移したユーザーを「not found」やホームに誘導することは避けたいためです。

開発環境と本番環境の差異

開発環境と公開環境では、スペックやパス、ネットワーク構成なども違うことがあり、それらの差異から問題が発生する可能性があります。これらは実際のデータを入れてみないと気づきにくい点

です。

典型的な例として、冗長構成のコンテンツ同期などがあります。また現在は高速化やサーバー負荷軽減のためにCDN（コンテンツデリバリネットワーク）をサーバーの全面に設置することが多くありますが、CDNに起因した問題が起こることも考えられます。公開後、すぐに調整できるような体制だけは整えておきましょう。

旧Webサイトについて

まず、完全に非公開状態にした旧Webサイトの管理画面から問い合わせや注文情報など、必要な情報を抜き出してください。なお、DNS切り替え後も何らかの理由で旧サーバーにおいてユーザーがアクションを起こす可能性があることを念頭に置いてください。このアクションを見逃すとクレームにつながります。

旧Webサイトは、できればサーバーごと非公開状態で1ケ月程度残しておくのがおすすめです。「旧Webサイトではこのページはどうしていただろうか」と確認したいタイミングが必ずあるはずです。完全にクローズした後はバックアップを取りローカルで保存しますが、旧サーバーやデータベースに蓄積した個人情報の取り扱いには十分に注意しましょう。不要な場合は削除します。

例えばデータベースに接続できないが原因がわからないなど、すぐに解消できない事象が発生した場合は、切り戻しを行なう必要があります。切り戻しは会社の事業に関わる重大な判定のため、「最終的に誰が判定するのか」など、切り戻しのフローを事前に決めておきましょう。

公開後の設定や確認

リニューアルでは、Webサイトの公開後でなければ発見しづらい設定や確認事項が存在します。ここでは、サイト公開後のポイントを4つ紹介します。

解説：岸 正也（有限会社アルファサラボ）

実施・公開フェーズ

Google Analyticsでの確認・設定

Google Analyticsでの公開後確認は重要です。Google Analyticsが正常に動作しているかどうかを確かめるのはもちろん、非エンジニアが手軽に利用できるトラフィックモニタとして考えることも可能です 図1。

リアルタイムレポートなどを利用してリニューアル後にユーザーが回遊できているかどうかを確認するほか、「ログイン画面から特定のデバイスが先に進めない」、「2台あるインスタンスのうち1台にあたるとうまく検索できない」など、システム的なトラブルを発見できることもあります。

Google Analyticsはリニューアルの場合、旧Webサイトからデータを引き継ぐことが多いため、目標やEコマース機能などのコンバージョン周りの設定は、新Webサイト公開後に行なわれることが多いでしょう。できるだけ早急に行ない、目標値を蓄積するとともにコンバージョン周りに不具合がないかどうかの参考にします。

Web監視ツールの設定

サイトの規模やタイプに応じて、適切なWeb監視ツールを設定します 図2。最低限の設定として、トップページの死活監視（アクセス可能／不可能ではなく想定通りの内容が表示されているかどうか）、およびコンバージョンの動作（例えばコンバージョンが発生するページの表示や動作などが正常かどうか）は監視したいところです。

図1 Google Analyticsのリアルタイム─トラフィック

マーケティング要素のみならず、非エンジニアが利用するトラフィックモニタと考えるとよい

図2 オープンソースのWeb監視ツール Nagios

ネットワークサービスの監視やのリソース監視を行なう代表的なツール。さまざまなデバイスに通知可能。プラグイン開発も容易

多くのWeb監視ツールは障害が発生するとメールやチャットシステムに通知を送信できるため、日頃利用しているメールアドレスやチャットシステムと連携することで、いち早く障害を発見できます。リニューアル直後は、顕在化していなかったさまざまな問題が発生するもの。Web監視を行なうことで迅速な対応が可能になります。

Google Search Consoleでの確認

検索順位を改善するためのツールであるGoogle Search Consoleは、リニューアル直後に重大な役割を果たします。なぜなら、Googleのクローラーが正しくサイト内を回遊し必要なページでインデックスしているかどうかは、公開後でないと確認できないからです。

サイト全体がGoogleにインデックスされているかを確認するには、「カバレッジ」レポートを利用しましょう 図3 。例えば、「重複しています」関連のエラーは、同じ（またはほとんど同じ）内容のページが存在することを示しています。ページを1つに絞るか、正規化のメタタグを入れなければなりません。

また、Google Search Consoleはサイト全体が正しく機能しているかどうかを確認できるツールでもあります。

例えば、「カバレッジ」はサイト全体のインデックス状況を確認するためのツールで、Googleのクローラー、すなわち人間がブラウザでアクセスしているのと同様なので、サーバーエラーが出ていれば同じようにユーザーがアクセスしてもサーバーエラーが表示されます。こちらから送信したsitemap.xmlが正しいと仮定すると、404エラーが出ている際は、ユーザーからもページが見えていない可能性が高いのです。あくまで補助的ですが、動的に出力された数万ページのサイトでは、特定の条件下でページが出力されない事象の発見に威力を発揮します。

CDNのキャッシュヒット率

せっかくCDN（コンテンツデリバリネットワーク）を利用しても、CDNから配信したコンテンツにユーザーがアクセスしなければ意味がありません。意図せずに組織が保有するサーバー（オリジンサーバー）にアクセスが集まっているようでは、高速表示が可能なキャッシュサーバーを設置した意味がなくなってしまいます 図4 。サーバーエンジニアとともに原因解明を急ぎましょう。原因によってはプログラム改修が必要になるケースもあります。CDNは大量かつ多様なトラフィックを事前にテストするのは難しいため、Webサイトの公開後にこのような事象が発覚することがあります。

図3 Google Search Consoleのカバレッジ

カバレッジはインデックスの状況の把握のみならず、リニューアル後のWeb正常動作の確認も可能

図4 AWSのキャッシュヒット率

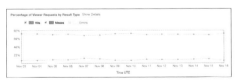

キャッシュヒット率の向上がWebサイト高速化には不可欠

リニューアル時の検収

サイトの公開後、成果物に対しての責任をベンダー側から発注側へと移行するにあたり、納品された
ものに瑕疵がなく、要求通りのものが納品されているかを確認するためのプロセスです。

解説：滝川 洋平

本番公開後に行なわれることが多い

検収とは、納品物が発注通りか確かめるために
行なう一連の確認作業を指します。本来は公開の
1ケ月前にベンダー側でテストを終え納品し、発
注側で1ケ月程度検収し、その後本番公開を行な
うのが望ましいといえます。しかし、制作完了後
本番公開までの間に検収期間を1ケ月確保するの
は、工数的にも機会損失的な意味でも現実的では
ありません 図1。

また、リニューアルのプロジェクトの場合は慣
例上、本番環境での検収作業を行なわず、本番公
開後に実施するケースが多いため、本節では公開
後の検収を例に解説します。

何を行なえばいいのか

前述の通り、本稿は本番公開後に行なう検収の
例を挙げていますが、検収とは本番公開のいかん
に関わらず、納品後に行なう確認作業を指します。
途中の検証やテストの段階で見つかった不具合が
解消し、修正点が出ないことを前提に行なう作業
であるため、検収で確認すべきものは、主に要件
定義書通りに機能が実現できているか否かの最終
確認になります。

検収作業では、制作中はテストサーバーで確認
やテストをしていたものを、本番環境に移行した
際に正しく動作するのかや、本番のドメイン構成
に移行した際にナビゲーションが正しく遷移する

図1 検収のタイミングの理想と現実

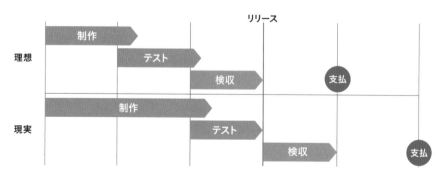

かに絞って確認します。ここで変更したい点を発見したとしても、要件に入っていない新規の要望は追加要望となるため、検収作業の対象外であることを理解しましょう。

遅延が発生している機能やコンテンツを後日リリースすると決めて、Webサイトを先行公開した場合などは、ベンダーにその機能のリリース予定などを明確にしてもらいましょう。対象からこぼれているものに対して、検収期間に指摘しておかないと、仕様書に記載してある機能が漏れているにも関わらず、納品物が検収済みと見なされてしまうこともあり得ます。受発注間の信頼関係にも関わる問題ですが、最悪の場合その分の開発が有償になることもあるので注意しましょう。

サイト以外の納品物、画像の元データやマニュアルなどがそろっているかも精査しましょう。

瑕疵対応とは

検収で発見した納品上の問題について、制作会社に過失があるものが「瑕疵」として扱われます。具体的には、次のようなものが対象となります。

- 基本的な動作をしない不具合がある
- 決められた仕様を満たしていない
- 提示されたデザインと差異がある
- テキストに誤字、脱字がある
- 「第三者の権利（著作権・特許権等）」を侵害している

そのため完成したサイトを見てデザインやテキストを変更したいといった変更には、追加で費用が発生します。修正対応期間であれば何でも無償で対応してもらえるわけではありません。

検収にかかる期間

プロジェクトの規模によっても変化しますが、おおむね納品後10営業日から1ケ月程度を検収期間として設定するのが一般的です。その間に確認作業を行ない、対応が必要な箇所は必要な措置を講じてもらい検収を実施します。

検収期間後に発覚した仕様漏れや納品物漏れにどのように対応するかは、費用面など含めた問題になるケースもあるため、検収の際には必要な要件を受発注間で再度確認し、テスト環境での公開直前の確認期間は、あらかじめ十分に取っておくようにしましょう。

検収期間に行なうことは、本番環境で誤字脱字や、なんらかのエラーがないかを確認する程度にできるよう心がけたいものです。

検収後の修正とバグ対応

ここまで解説した検収に関わる修正対応期間と、検収終了後の瑕疵担保期間は異なるため、契約面も合わせて確認しておきましょう。

2020年4月1日施行の改正民法では、「瑕疵担保責任」は「契約不適合担保責任」と名称が変更され、納品から5年以内である場合、発注側が瑕疵を認識してから1年以内ならば、発注側はベンダー側に以下のような対応を請求できるようになりました。

- 瑕疵修補請求：瑕疵への対応が請求できる
- 契約解除と代金返還請求：契約解除と代金返還請求ができる
- 損害賠償請求：業務に損害が出た場合、ベンダーに損害賠償を求められる

これらの対応は、契約形態によっても変化するもので、瑕疵と認定される不具合にもそれぞれ条件があるため、あくまで検収の際には認識できなかった瑕疵・バグなどの不具合が該当します。し

かし、不具合が瑕疵と認定されるためには、契約にある品質・性能を満たしていないケースに限られ、契約にないことは含まれません。

そのため運用期間中の不具合を発見したら、まずはベンダーに問い合わせ、対応について協議するところからはじめることをおすすめします。

チェックリスト

発注側が検収を行なう際に使用するチェックリストを 図2 にまとめました。

CMSの導入など、システム開発が関わるサイトはほかにも仕様ごとに確認すべき項目がありますが、一般的なWebサイトの検収において最低限確認すべき項目となります。検収の際に役立ててください。

発注元が責任を持って検収を行なったのち、ベンダーに制作費用の請求書を作成してもらって初めて、プロジェクトが完了します。最後にトラブルが起きないように、契約面も押さえておきましょう。

図2 発注側が検収で使用するチェックリスト例

項目	解説
記載された通りのリンク先ページに移動するか	リンクの設定が間違っていたり、リンク切れを起こしていないか確認する。ページ流し込みを行なった場合は特に注意する
リダイレクトの設定は正しく行なわれているか	リダイレクト先の指定が間違っていたり、リンク切れを起こしていないか確認する
アンカーリンクはすべて適切な移動を行なっているか	アンカー（ページ内リンク）が正常に動作しているか確認する。うまく動作しない場合は適切なIDやnameが設定されているか確認する
画像が想定通りに正しく表示されているか	画像のサイズや縦横比などが、意図した通りに表示されているか確認する
画像のロールオーバーはON/OFFとも表示されるか	各推奨ブラウザでの表示を確認する。CSS上の画像のリンク切れ、記述に問題がないか確認する
テキスト・フォントは指定通りの表示がされているか	Webフォントを使用している場合は、意図通りの表示がなされているか確認する。Webフォントが読み込まれない場合の代替表示状況も確認したい
画像・リンクの指定が仮の文言のままになっていないか	各ページごとに画像の指定や、テキストが原稿通りか確認する。素材や原稿が後送のときや、ページ流し込みを行なった場合は特に注意する
各ページのタイトルはルールに沿って記述されているか	titleタグはSEO上でも重要。適切なルールを定めて設定したい
各ページのMETA情報はルールに沿って記述されているか	descriptioonが適切に記述されているか、またnoindex、nofollow対象のコンテンツは適切に設定されているかを確認する
各ページのOGP属性情報は適切に記述されているか	・最低でも以下のOGP情報が適切に記述されているか確認する。 og:url ／ og:type ／ og:title ／ og:description ／ og:site_name ／ og:image ・SNSを活用する場合は以下も忘れずに記述しておきたい。 fb:app_id ／ fb:admins ／ twitter:image ／ twitter:card ／ twitter:site ／ twitter:creator ／ twitter:title ／ twitter:description
すべての推奨ブラウザで動作・表示に乱れがないか	独自仕様やライブラリなどを使用している場合は特に注意する。モバイルでは特にOSごとの挙動に気を配りたい

項目	解説
レスポンシブサイトの場合、ブレークポイントは適切に動作しているか	ブラウザのサイズを変更して、表示が切り替わるか確認する。また実機でも適切な表示がなされているかも確認する
アダプティブサイトの場合、意図通りに出し分けができているか	ユーザーエージェントを切り替えて、表示が切り替わるか確認する。必ず実機でも適切な表示がなされているか確認する
さまざまな解像度・ブラウザサイズで表示の乱れがないか	デザインのレイアウトによってカラムが落ちたり、表示が乱れることがある
フォーム要素はすべて抜けがなく適切なサイズでの表示になっているか	フォームはサイトのゴールとなる場合が多いため、この箇所のエラーは致命的だ。デフォルトチェックの値など、すべて仕様どおりであるか確認したい
外部リンクが設定されているページで、リンク切れが発生していないか	リンクの設定がまちがっていたり、リンク切れを起こしていないか確認する
各ページのタイトルはコンテンツに合わせて、それぞれ設定されているか	タイトルはページの内容に合わせて、ほかのページと重複していないか確認する。流し込みを行なった場合には特に注意する
各ページのメタ情報はコンテンツに合わせて、それぞれ設定されているか	ページの内容に合わせて、ほかのページと重複していないか確認する。流し込みを行なった場合には特に注意する
ALTは読み上げに無関係なものを含め、すべての画像に設定されているか	音声読み上げブラウザからのアクセスも想定し、alt属性の設定は漏れなく行ないたい
階層が深すぎるディレクトリはないか	特に理由がなく階層が深いディレクトリの存在を確認し、適切な振り分けを行なう
読み込みが極端に低速なページは存在しないか	読み込みに時間のかかるページはユーザーの離脱要因として大きいため、PageSpeed Insightsなどのツールを活用して特定して対処したい
HTMLファイル内に不要な要素が残っていないか	制作中にメモとして記述されたコメントなど、HTMLソース内に不要なタグやコメントが残されていないか確認する
高さ／幅がすべての画像に設定されているか	画像の高さ・幅指定はページの読み込み時の画面描画や画像がエラーになった際のレイアウトに影響するため、すべての画像に高さ・幅を指定しておきたい
CSSやJavaScript内で指定されたリンクが切れていないか	CSSやスクリプトで読み込む画像をはじめ、外部ソースに記述しているリンク指定が動作しているか確認する
コンテンツの削除に合わせてCSSの該当箇所も整理されているか	共通のCSSに現在使用されていないCSSが残っている場合がある。将来的にメンテナンスコストが増大するため、不必要な記述は削除しておきたい
フォームはSSLなどにより情報を暗号化して送信できているか	SSLの設定は適切に行なわれているか確認する
タグ埋め込み式のツールは適切に設置されているか	GoogleタグマネージャやGoogleアナリティクスなどをはじめとするタグが、適切に設置され、動作しているか確認する
管理画面は適切なセキュリティ対策を施されているか	第三者が容易に管理画面、ないし管理画面のログイン画面にアクセスできない対策が施されているか確認する

CHAPTER 4

指標はどれぐらい達成できたか

リニューアルが終わり、ホッとしたのも束の間。Web担当者は「リニューアルの効果実証」を求められます。ここで組織に認められるかどうかが、もう一つのKPIともいえるでしょう。

解説：岸 正也（有限会社アルファサラボ）

実施・公開フェーズ

リニューアルの効果実証

「リニューアルの効果実証」の方法は所属する組織によりさまざまですが、上長への報告や、何らかの報告会議の場になるでしょう。そこで発注側の担当者は、リニューアルでどのように実績を上げたかを発表しなければなりません。もしそのような場がなければ、自ら積極的に作りましょう。Webサイトのリニューアルが組織内で認められることは、自己の評価だけでなく、今後の運営費や改修費の捻出にもつながるため、積極的にアピールすることをおすすめします 図1。また、ここでのWeb担当者のアピールが次の仕事につながる

ため、制作会社も可能な範囲でサポートしましょう。

誰に伝えるかにもよりますが、次のような指標や見た目の変化をメインに発表するとわかりやすいはずです。解析データをもとに掘り下げた分析結果を交えてもいいでしょう。

- リニューアル前後のユーザー数の比較
- KPIの比較
- ビジュアルの比較
- 来訪者の変化
- 流入経路の変化
- CVまでのリードタイムの変化
- CV有料広告費の変化

図1 Webの効果を組織に理解させるのは難しい

いいWebサイトができたな。
リニューアルの効果も
見えてきた

リニューアル後の
Webサイト

またコストをかけて……。
稼いでるのは俺たちなのに

Web部門

営業部門

社内にリニューアルの意義や価値が十分に浸透していないと、仮に効果があってもその価値が認められにくい

例えば、CPAは通常、広告のセグメント別に算出し、どの広告のパフォーマンスが高いかを測る指標として利用されますが、もし全体のCPAが下がっているなら、その点を十分にアピールしてください。大きな枠組みで見ると、「全体としてどれくらい利益に貢献しているか」や「全体としてどれだけコストパフォーマンスが上がったか」以外を理解してもらうのは、なかなか難しいものと考えられます。

Webの価値を外部にもアピールしよう

もし、リニューアルの過程でおもしろい手法や新しい技術を使った場合は、組織の許可を得た後、Web系のメディアに取り上げてもらったり、自分たちでnoteなどのメディアに積極的に発信したりするのもよいでしょう。

もしあなたが制作会社のディレクターなら、発注元に相談の上、自社サイトの事例紹介に掲載したり、自社サイト上で発注元の担当者と座談会をしたりするのもおすすめです。

リニューアル後の指標が芳しくないときは？

ここまで説明した通り、リニューアルは必ずしもうまくいくとは限りません。

一時的な要因

多くのユーザーを抱えるサイトでは、ロイヤルカスタマーになればなるほど学習効果が高く、新サイトに変わった途端、これまでの学習の多くはゼロになるため、不満を抱くことがよくあります 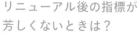。

こういった不満はそのサービスがユーザーから必要とされており、新サイトがユーザーに寄り添ったものであれば、いずれ解決します。例えば、Facebookは以前は友人のページを見に行く動線が主流であったため、現状のようなタイムライン形式に変わった際に多くの反発が起きました。しかし、強い信念のもとそのUIを保ったことで、現在のような隆盛を極めたのです。

ユーザーとの見解の相違やリデザインのやり残し

ラベル名の違いで考えてみましょう。「エントリー」というCTAのラベルを「応募」に変えたところCVRが向上したので、同様に新卒採用の

CHAPTER 4

図2 Webの学習効果の影響は大きい

ユーザーの利用状況から使いやすいように並べたつもりでも、リニューアル前のサイトを使い慣れたユーザーには変更の違和感や再学習の面倒くささが優先される

コンバージョンボタンも「エントリー」から「応募」に変更したところ、CVRが下がったなどの例が挙げられます。

多くの新卒向け求人サイトでは「エントリー」が使われているため、新卒ユーザーは「応募」のタップから先のアクションが想像できなかったわけです。ユーザーテストを行なえば発見できた可能性はありますが、これはミスとはいえず、この手の認識のズレをゼロにすることはできません。

このような見解の相違は、思い当たる要素すべてについて、Ａ／Ｂテストや多変量テスト（複数の変数に対して相互作用を比較する手法） 図3 を実施しましょう。多変量テストでユーザーに影響が大きい箇所を特定し、再度Ａ／Ｂテストで細かい点に対応していくのがおすすめです。多変量テストが難しい場合はＡ／Ｂテストをひたすら繰り返してもよいでしょう。これで多くの問題が解決できるばかりか、もしリニューアル後の主要指数が伸びていた場合は、その成功の要因を特定し、さらにCVRを高めることも可能です。

また、見解の相違ではなく、見つけにくいエレメントの改善なども、合わせて考えることをおすすめします。UI／UXを考慮したデザインにしても、見つけにくいエレメントをゼロにすることは難しく、ここがボトルネックになって効果が上がらないこともあります。これらはアクセス解析のユーザー導線を手がかりにするとよいでしょう。

この2つはWebサイトの"制作に関わる"本質的な問題ではないため、問題点を見つけ出すことが最も難しい一方で、見つけることさえできれば改修は容易です。

外部要因

ここからは、思うようにリニューアルの効果が上がらない原因となりうる外部要因について見ていきましょう。

・製品やサービスそのもの

製品やサービスそのものに原因がある場合、特に組織内のWeb担当者にとっては腕の見せどころです。普段から自社のKPIを追うだけでなく、市況データや他社動向をしっかりと見極めていきましょう。例えば競合が軒並み3割減の中、自社が横ばいであれば、それはWebの手柄かもしれません。

・有料マーケティングとの兼ね合い

有料マーケティングを広告代理店に任せていた場合、リニューアル後も旧設定を使い続けることでCPAが落ちてしまうことがあります。広告代理店と話し合い、新しいWebサイトに最適な広告出稿方法（文言、ターゲット、チャネル、キーワードなど）を検討しましょう。

図3 多変量テストで最適な組み合わせを見つける

   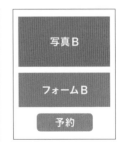

多変量テストなら一度にさまざまなエレメントから最適な組み合わせを見い出すことが可能。
ただし、それ相応のトラフィックやCVが必要

INDEX

用語索引

INDEX

用語索引

INDEX

用語索引

執筆者紹介

--

滝川 洋平
たきがわ・ようへい

都内出版社勤務のコミュニケーション・デザイナー/プランナー/ライター。1980年生まれ。テレビ局のWeb事業戦略子会社などを経て、現職。デジタルコンテンツ配信サービスのプランニングやマネタイズ、DX戦略などに従事。PR視点のコンテンツプランニングや、自走できる運用プランニングが強み。近著に『Webディレクションの新・標準ルール 改訂第2版』（共著、小社刊）。

https://ultra-relax.com/
https://www.facebook.com/ko10buki

--

岸 正也
きし・まさや

有限会社アルファサラボ代表取締役。フリーのデザイナー、ライターを経て2005年会社設立。主に大手企業サイト・サービスサイトの企画、設計、構築、運用に携わる。UXを意識したフロントエンドエンジニアリングやバックエンドも含めたワンストップの構築が強み。デジタルハリウッド講師、フジスマートワーク講師。近著に『Webディレクションの新・標準ルール 改訂第2版』（共著、小社刊）。

https://www.arfaetha.com/
https://www.facebook.com/kishimix

制作スタッフ：

装丁・本文デザイン	関口 裕　伊藤 涼
編集	石﨑美童（株式会社リブロワークス）
DTP	久保真理子

編集長	後藤憲司
担当編集	熊谷千春

Webサイト・リニューアル
「見た目だけ変えた」にしない成功の手引き

2020年5月1日　　初版第1刷発行

著者	滝川洋平　岸 正也
発行人	山口康夫
発行	株式会社エムディエヌコーポレーション 〒101-0051　東京都千代田区神田神保町一丁目105番地 https://books.MdN.co.jp/
発売	株式会社インプレス 〒101-0051　東京都千代田区神田神保町一丁目105番地
印刷・製本	シナノ書籍印刷株式会社

Printed in Japan

カスタマーセンター：

造本には万全を期しておりますが、万一、落丁・乱丁などがございましたら、
送料小社負担にてお取り替えいたします。お手数ですが、カスタマーセンターまでご返送ください。

落丁・乱丁本などのご返送先
〒101-0051　東京都千代田区神田神保町一丁目105番地
株式会社エムディエヌコーポレーション カスタマーセンター
TEL：03-4334-2915

書店・販売店のご注文受付
株式会社インプレス　受注センター
TEL：048-449-8040／FAX：048-449-8041

内容に関するお問い合わせ先：

株式会社エムディエヌコーポレーション
カスタマーセンター メール窓口
info@MdN.co.jp

本書の内容に関するご質問は、Eメールのみの
受付となります。メールの件名は「Webサイト・
リニューアル　質問係」とお書きください。電
話やFAX、郵便でのご質問にはお答えできま
せん。ご質問の内容によりましては、しばらくお
時間をいただく場合がございます。また、本書
の範囲を超えるご質問に関しましてはお答え
いたしかねますので、あらかじめご了承ください。

ISBN978-4-8443-6960-8　　C3055